农村信息化基础教程

李海胜　李　勇　主编

中原农民出版社

·郑州·

本书作者

主　编　李海胜　李　勇

副主编　胡　波

图书在版编目(CIP)数据

农村信息化基础教程/李海胜,李勇主编. —郑州:中原农民出版社,2015.8
新型职业农民培育工程
ISBN 978-7-5542-1270-7

Ⅰ.①农… Ⅱ.①李… ②李… Ⅲ.①农业-信息化-教材 Ⅳ.①S126

中国版本图书馆CIP数据核字(2015)第200063号

出版:中原农民出版社
(地址:郑州市经五路66号　电话:0371-65751257
邮政编码:450002)
发行单位:全国新华书店
承印单位:郑州市金汇彩印有限公司
开本:787mm×1092mm　1/16
印张:8
字数:165千字
版次:2015年9月第1版　**印次**:2015年9月第1次印刷

书号:ISBN 978-7-5542-1270-7　**定价**:18.00元

目　录

上　篇

下 篇

上　篇

第一章　WPS 文字基础操作

【知识背景】

WPS 是金山公司旗下 Office 办公软件中的重要组件之一。从公司最早推出的 Office 版本开始，WPS 文字就成为文字处理软件中的佼佼者。由于 WPS 好学易用，符合国人的习惯，普及性逐步提高。学习掌握 WPS 文字常用功能，是我们学习计算机知识的重要方面，亦能满足我们日常工作和生活的需要。

对于刚刚开始接触 WPS 文字的初学者，应首先掌握如何创建一个普通文档。本项目将以制作身份证明为例，介绍普通文档从新建，简单页面设置，录入及编辑文本内容，简单格式化到最终保存的一个完整过程。

任务一　新建文档

1. 文档的建立、打开和关闭

WPS 文档的文件扩展名为“. doc”。

【方法 1】WPS 在正常启动之后都会自动打开一个名为“文档 1”的文档。

【方法 2】在打开的 WPS 窗口中单击“文件”菜单下的“新建”/“空白文档”。

2. 打开已有文档

【方法 1】在打开的 WPS 窗口中单击“文件”菜单下的“打开”，如图 1 - 1 所示，在打开的对话框中选择文档。

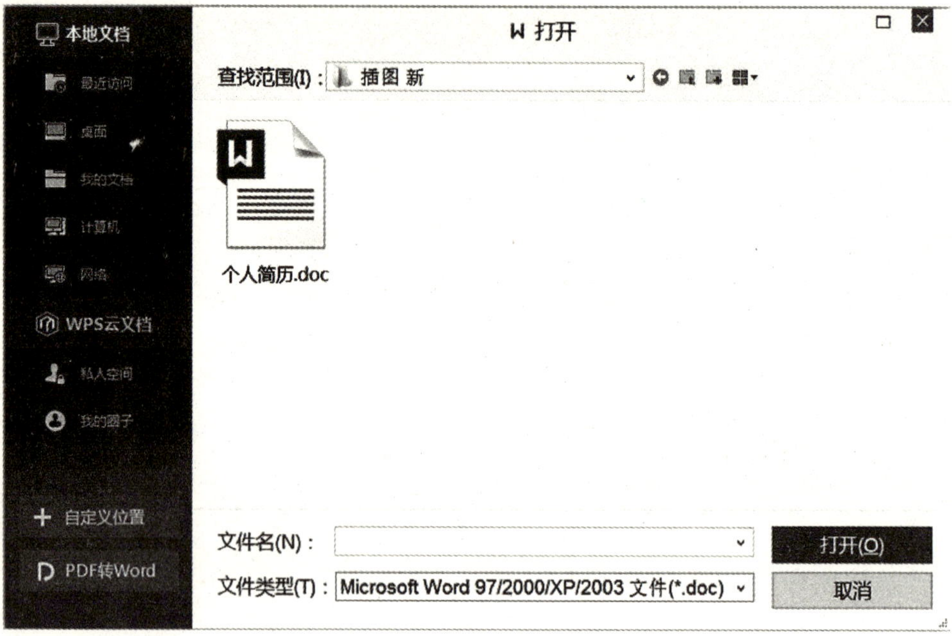

图 1-1 打开已有文档

3. 关闭文档

单击常用工具栏右侧的“关闭窗口”按钮可以将当前文档关闭，但不关闭 WPS 窗口。

任务二 录入与编辑文字

在使用计算机写文档时，需要先确定文档编辑区的尺寸和规格，这就是所谓的页面设置，它关系到该文档以后的输出效果。在页面设置对话框中有页边距、纸张、版式和文档网格等选项。

1. 页面设置

在打开的 WPS 窗口中单击“文件”菜单下的“页面设置”，如图 1-2 所示。

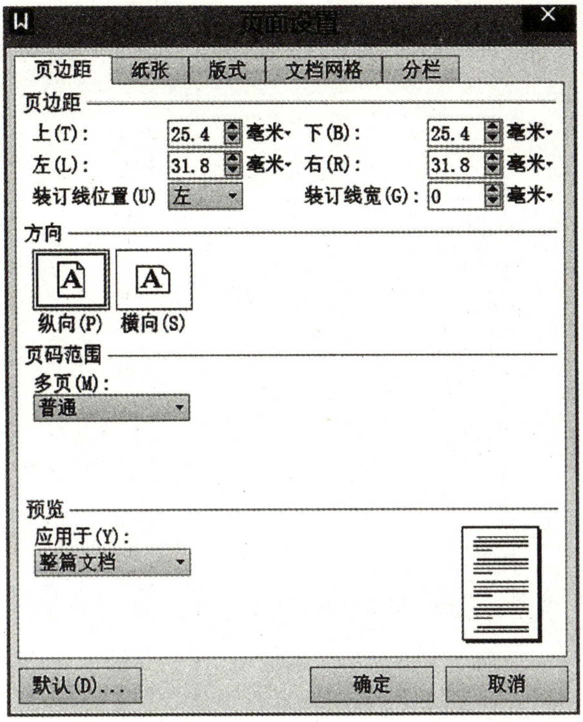

图 1－2　页面设置

2. 输入文档内容

在 WPS 工作窗口中闪烁的竖条“|”称为插入点，表示新插入文字或对象的位置。可以通过鼠标或键盘来移动插入点，也可以用鼠标或相应命令来定位插入点。在 WPS 中，用户可以在文档中输入文字，输入的文字自动自左向右排列，当到达页面右边界后，便会自动换行。输入完一些文字后，如果按回车键，即输入一个回车符，WPS 就会自动增加一个段落。自文字输入开始到回车符，称为一个段落。

一个文档可以只包含一个段落，也可以包含多个段落。对于每个段落，WPS 可以为其增加项目符号和编号。项目符号是在段落开始处添加强调效果的点或其他符号，项目编号是在段落开始处添加效果的数（如阿拉伯数字、罗马数字或汉字数字等）。

【操作步骤】

1）使用本书介绍的文字输入方法，录入文字内容，如图 1－3 所示。

2）将插入点光标定位到“电话”后面，然后在菜单栏中选择【插入】/【数字】命令，弹出【数字】对话框，在【数字】文本框中输入数字“8”，这样“8”就插入到文档中了，按照此方法，分别插入其他数字。

3）将插入点光标定位到“电话报名”的前面，在菜单栏中选择【插入】/【符号】命令，弹出【符号】对话框，如图 1－4a 所示，然后在【字体】下拉列表中选择【Wingdings】选项，在【近期使用过的符号】列表中单击【插入】按钮，将符号插入到文本中，还可以按照同样的方法，在“网上报名”前插入“√”符号。

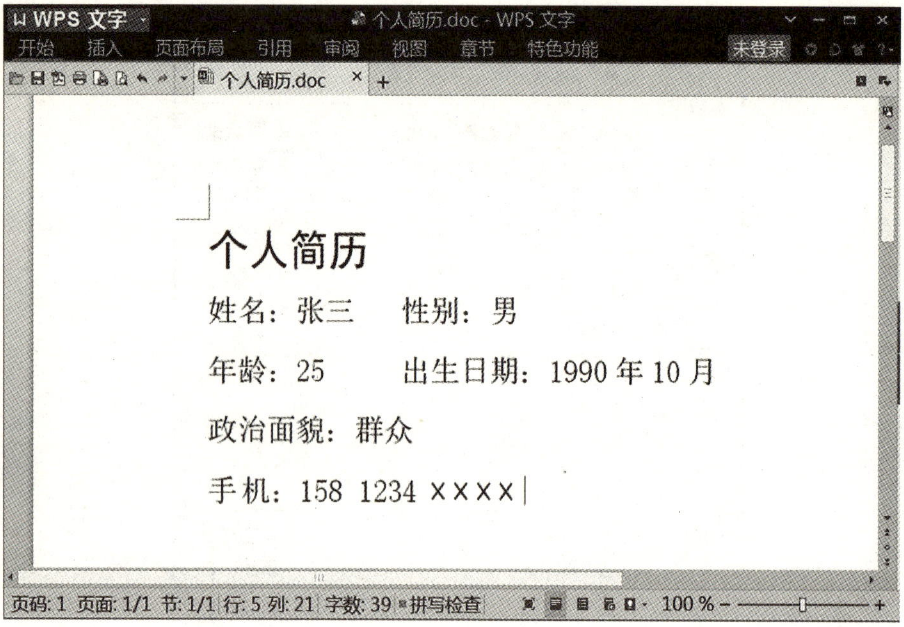

图 1－3　录入文字

4）将插入点光标定位到内容最后部分，在菜单栏中选择【插入】/【日期和时间】命令，弹出【日期和时间】对话框，如图 1－4b 所示。单击 确定 按钮，完成日期的插入。

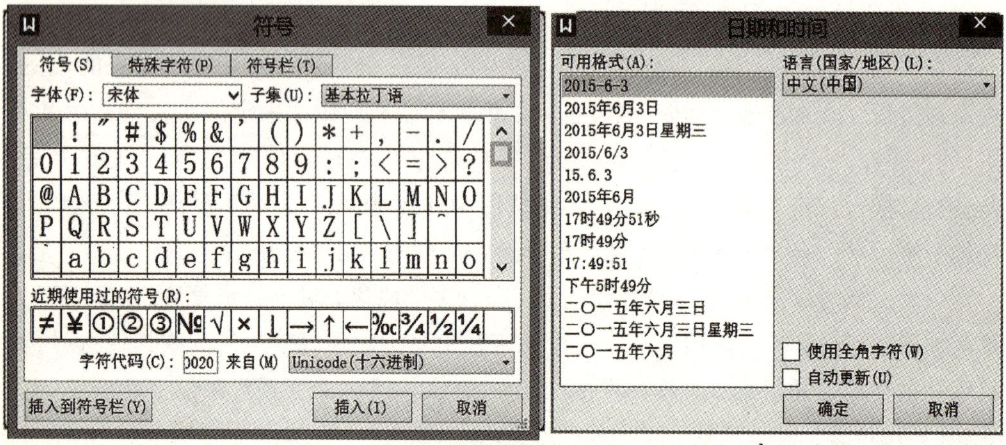

a　　　　　　　　　　b

图 1－4　插入字符

3. 格式化文字

通过格式设置来改变文档外观的方法称为“格式化”。本部分主要对文字/段落进行美化，格式化文档包括页面设置、字符格式、段落格式等。通过 WPS 的【字体】/【段落】工具栏，如图 1－5 所示，设置字符格式，常用操作如下：

◆单击【字体】下拉列表框右侧的 宋体 选择所需要的字体以及字体的大小 五号 。

字体　　　　段落

图 1－5　格式设置按钮

◆单击按钮 B I U,分别设置文字为粗体、斜体、下划线效果。

◆单击按钮 ,改变选定字符颜色。

◆单击按钮 ,突出显示字符。

通过 WPS【段落】工具栏,设置段落格式,常用操作如下:

◆单击按钮 ,设置“两端对齐”方式,正文沿页面的左右边界对齐。

◆单击按钮 ,设置为“居中”方式,段落沿页面居中对齐。

◆单击按钮 ,设置为“左对齐”方式,段落沿页面左对齐。

◆单击按钮 ,设置为“右对齐”方式,段落沿页面右对齐。

◆单击按钮 ,设置为“右对齐”方式,段落沿页面分散对齐。

4. 保存、打印文档

编辑好文档后要及时将文档保存,工作中也要养成随时保存的习惯,以免因断电、操作不当或程序无响应等情况导致数据丢失。

【操作步骤】

1)在菜单栏中选择【WPS 文字】/【保存】命令,将文档以“我的证明”为文件名保存。也可以直接单击工具栏中的按钮保存文件,或选择【WPS 文字】/【另存为】命令,将文档另存为不同的文件名。

2)在菜单栏中选择【WPS 文字】/【打印预览】命令或单击工具栏中 按钮,WPS 显示文档打印效果预览,如打印效果没有问题,则可以进行打印。

3)在菜单栏中选择【WPS 文字】/【打印】命令,显示【打印对话框】,如图 1－6 所示,可以在该对话框中设置要打印的页面范围以及打印份数,单击 确定 按钮,可将制作好的文件打印,也可以直接单击工具栏中 按钮,按照默认设置打印。

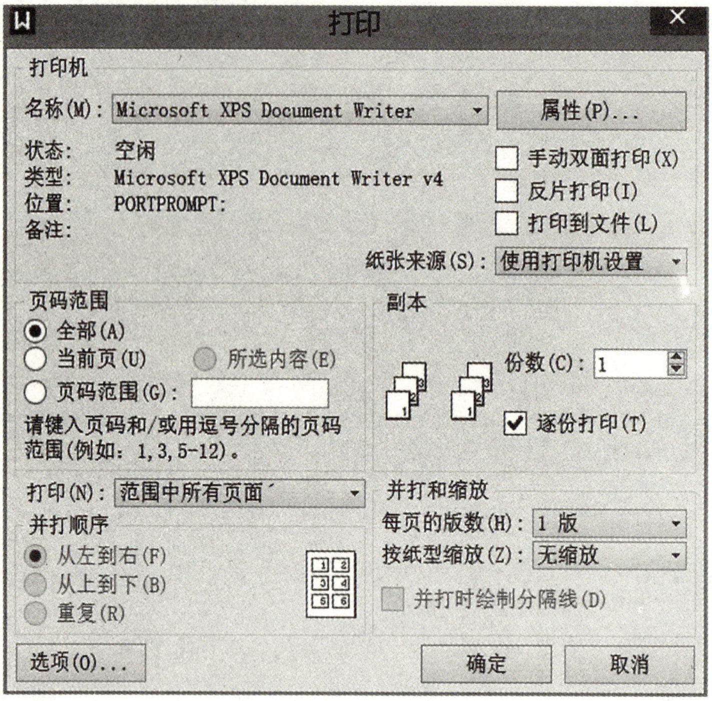

图 1-6　打印文档对话框

5. Office 剪贴板

“Office 剪贴板”允许用户从任意的 Office 文档或其他程序中收集文字或图形，再将其粘贴到 Office 的文档中。剪贴板可以使用“复制”和“粘贴”命令配合使用。

6. 替换

单击“编辑”菜单/“替换”，在对话框中可选择“替换”或“全部替换”如图 1-7 所示。

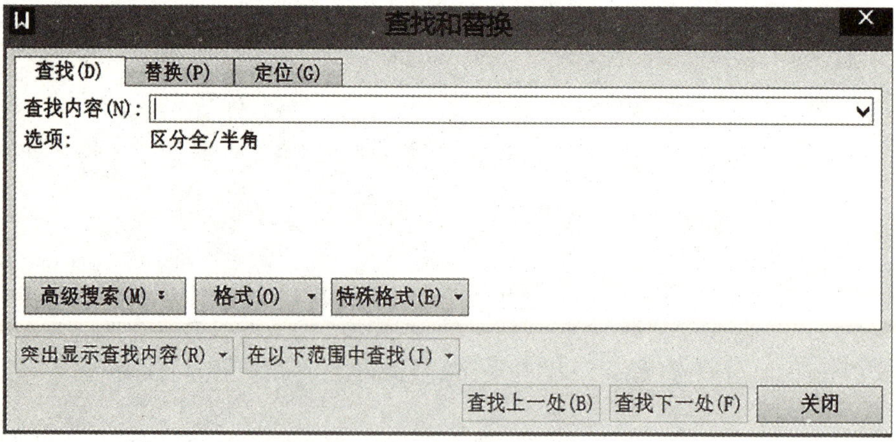

图 1-7　查找与替换对话框

任务三　表格的设计与应用

1. 创建表格

在 WPS 中,简历表格通常有两种方法:使用工具按钮或使用菜单命令。

【方法 1】按钮创建表格。在 WPS 菜单栏单击【插入】/【表格】命令,弹出如图 1－8a 所示【表格框】对话框。在【表格框】中,鼠标拖动选择表格的行数与列数,松开鼠标左键后,即在光标位置插入相应行数与列数的表格。由于受屏幕大小显示,用工具按钮不能建立行数或列数过大的表格,此时我们可通过菜单命令插入表格。

【方法 2】菜单插入表格。选择【插入】/【表格】/【插入表格】命令,弹出如图 1－8b 所示【插入表格】对话框。在该【插入表格】对话框中,可进行如下操作:

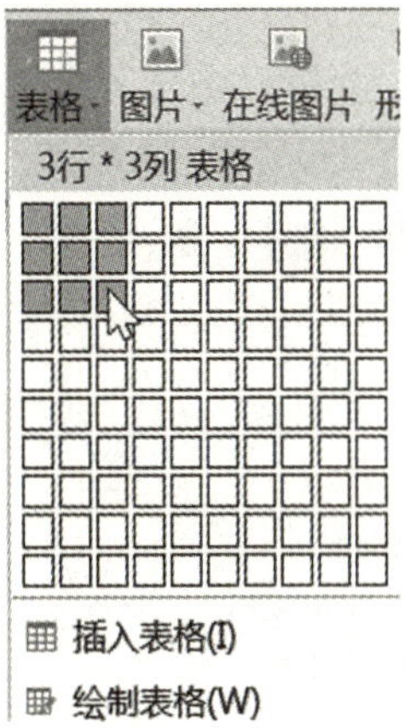

a. 表格框

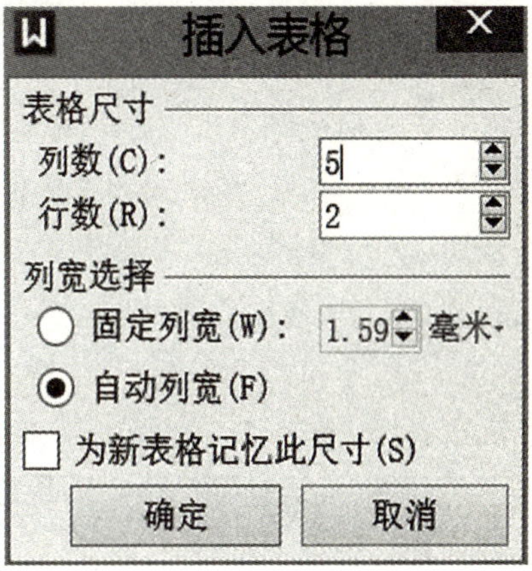

b.【插入表格】对话框

图 1－8　插入表格

◆在【列数】数值框中,输入或调整表格列数。

◆在【行数】数值框中,输入或调整表格行数。

◆如果选择【固定列宽】单选按钮,表格的列宽固定;也可在数值框中输入宽度值,设定列宽。【自动列宽】,表格的宽度与正文宽度相同,表格各列的宽度相同。

◆单击【确定】按钮,插入表格。

【操作步骤】

1)启动 WPS,新建一份“空白文档”。

2)在菜单栏中选择【插入】/【表格】/【插入表格】命令,弹出【插入表格】对话框,设置表格的【行数】、【列数】等参数,在表格中输入如表 1－1 所示内容。

表 1－1　求职简历

个人介绍				
姓名		性别		
民族		出生年月		
身高		婚姻状况		
培训经历		工作经历		
专业能力与特长				
求职意向		工资要求		
联系电话				

2. 合并表格

表格中，每一个“方框”称为单元格。合并单元格就是将多个单元格合并成一个单元格。拆分单元格是将一个或多个单元格拆分成多个单元格。

选定若干个单元格，单击按钮或选择【表格工具】/【合并单元格】命令，系统将这些单元格合并成一个单元格。表格中的文字可以设置其格式（字体、字体大小、字体颜色）、对齐方式、文字横排或竖排等。

【操作步骤】

1）选定表格中第一行“个人介绍”的所有单元格，如图 1－9 所示。

个人介绍				
姓名		性别		

图 1－9　“个人介绍”单元格

2）选择【表格工具】/【合并单元格】命令，将所选的单元格合并。

3）使用相同方法将“性别”“出生年月”“婚姻状况”“工作经历”“工资要求”的所在行及相应位置进行合并。

4）按照如图 1－9 所示选定单元格后，在菜单栏中选择【表格工具】/【拆分单元格】命令，弹出【拆分单元格】对话框，设置【列数】为 2，如图 1－10 所示。

性　别	
出生年月	
婚姻状况	
工作经历	

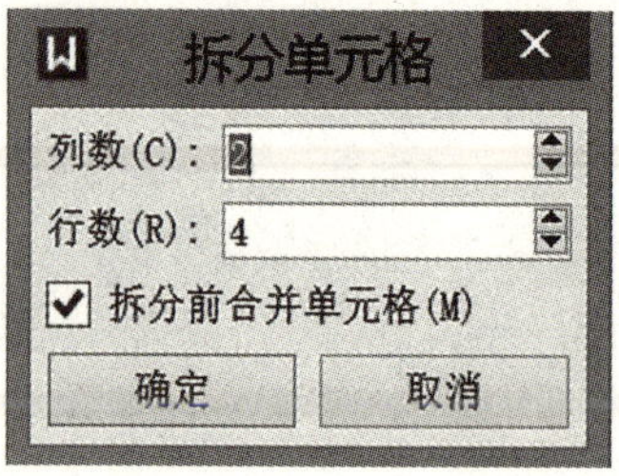

图 1－10　拆分单元格

5）选定要拆分的单元格后，单击鼠标右键，在弹出的快捷菜单中选择【合并单元格】命令，如图 1－11 所示。

6）在合并后的单元格中输入“一寸彩色免冠照片”。在输入的文字上点击鼠标右键，从弹出的快捷菜单中选择【文字方向】命令，在弹出的【文字方向—方向】对话框中设置文字方向，如图 1－11 所示。按照相同的方法对“培训经历”所在的单元格进行设置。

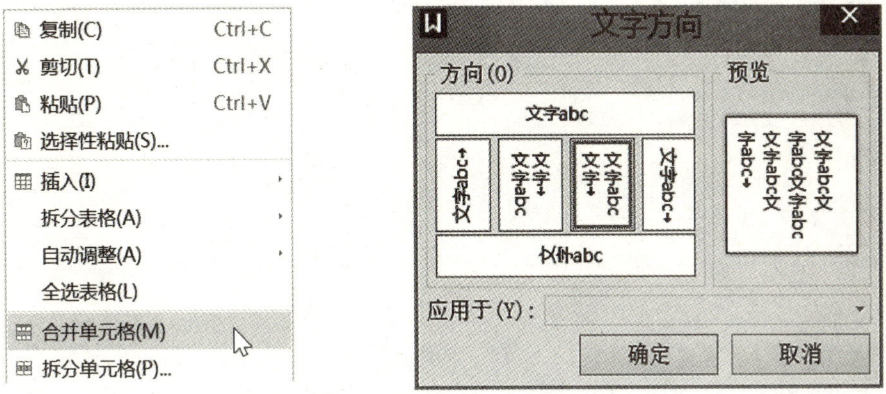

图 1－11　【文字方向】对话框

对表格中其他需要合并的单元格进行合并处理，最终效果如表 1－2 所示。

表 1－2　求职简历

个人介绍				
姓名		性别		一寸彩色免冠照片
民族		出生年月		
身高		婚姻状况		
培训经历		工作经历		
专业能力与特长				
求职意向		工资要求		

3. 设置表格属性

表格设计完成后可通过【表格属性】对话框对其属性进行设置。

【操作步骤】

1）选中整个表格，选择【表格】/【表格属性】命令，弹出【表格属性】对话框，对表格进行属性设置，如图 1－12 所示。

2）选定表格上方“求职简历”四个字，将【字体】设置为“黑体”“一号”“加粗”“居中对齐”。

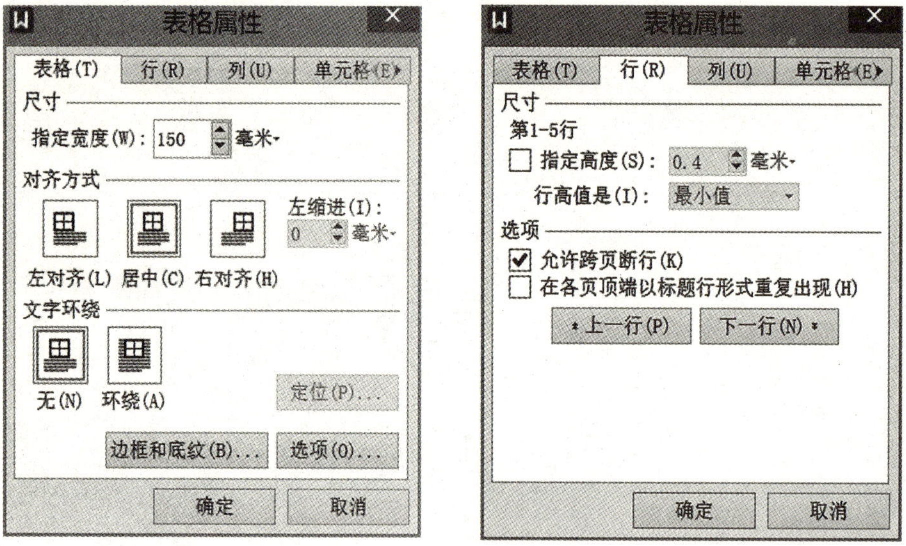

图 1－12 【表格属性】对话框

3)选定“个人介绍”单元格,在工具栏中单击按钮,设置【字体】为“隶书”,【字号】为“小二”,并在其单元格上单击鼠标右键,从弹出的快捷菜单中选择【边框和底纹】命令,在弹出的【边框和底纹】对话框中设置底纹,如图 1－13 所示。

4)按照同样的方法对“求职意向”“专业能力与特长”所在的单元格进行设置。

5)选中整个表格,单击鼠标右键,从弹出的快捷菜单中选择【边框和底纹】命令,设置整个表格的边框,如图 1－13 所示。

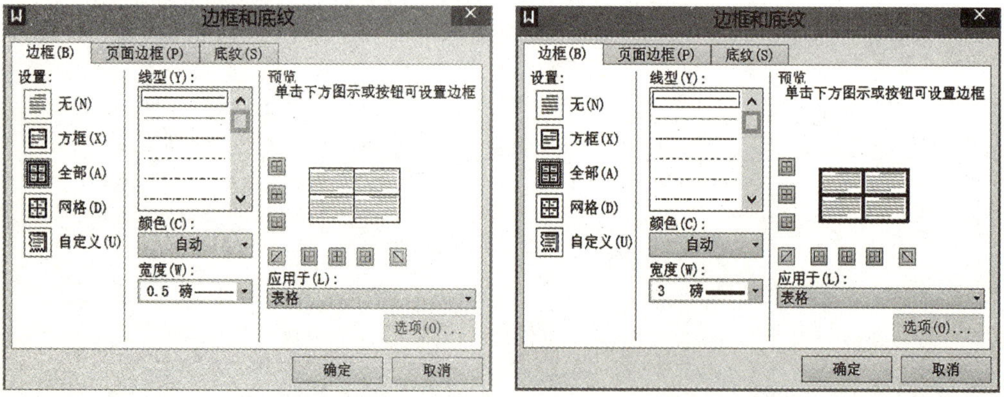

图 1－13 【边框与底纹】对话框

4. 插入图片

如有数码照片,也可以将照片直接插入到表格中。

【操作步骤】

1)选择【插入】/【插入图片】命令,弹出【插入图片】选择对话框,选择要插入的数码照片,单击【确定】按钮,如图 1－14 所示。

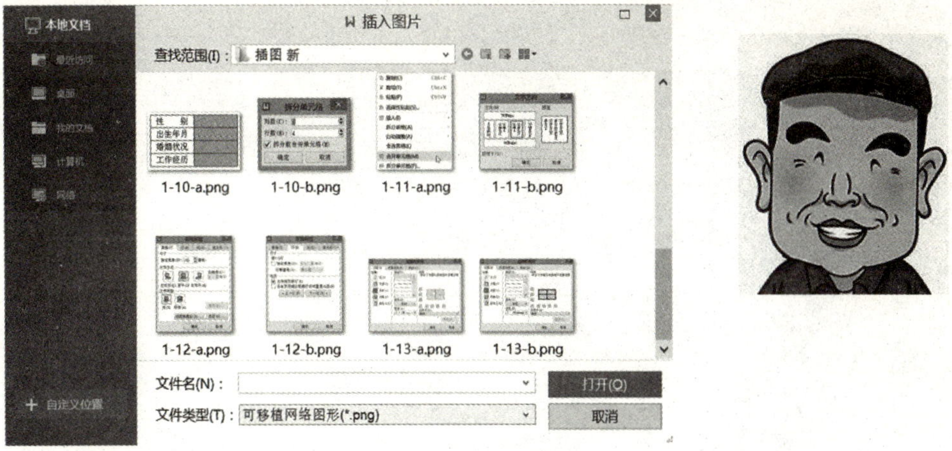

图 1－14　插入图片

2）此时，插入的图片可能显示不完整，如图 1－15 所示。鼠标右击图片，弹出快捷菜单选择【设置对象格式】命令，弹出【设置对象格式】对话框，对图片属性－尺寸进行设置。

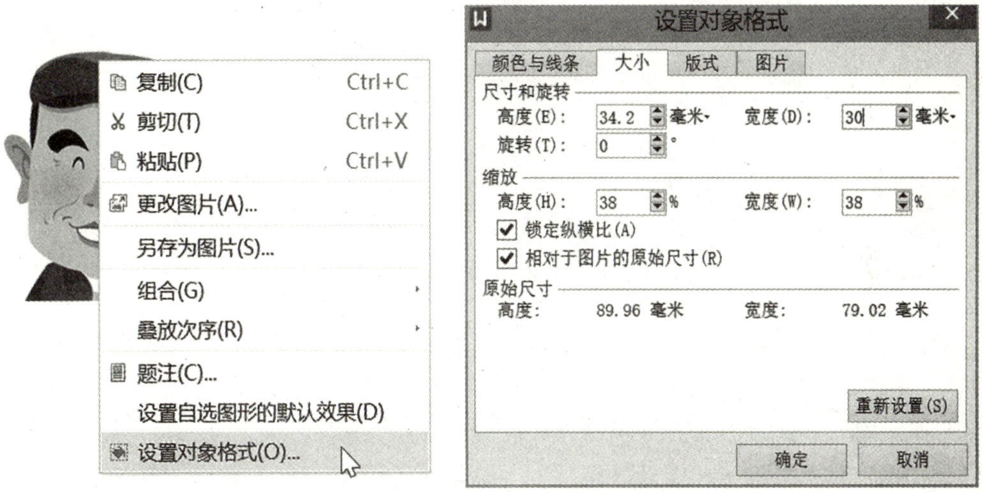

图 1－15　【设置对象格式】对话框

3）根据个人信息的多少对整个表格进行适当的调整，一份专业而个性的求职简历就制作完成了，最终效果如图 1－16 所示。

4）选择【文件】/【保存】命令，以“我的求职简历”为名进行保存，如图 1－17 所示。

个人简历

姓　名	徐老三	性　别	男	
民　族	汉	出生年月	1960 年 8 月	
身　高	175 cm	婚姻状况	已婚	
培训经历				
工作经历				
求职意向				
联系电话				

图 1－16　最终效果图

图 1－17　doc 文件

任务四　文档安全

1. 为文档加密

在编辑一些非常重要的 Word 文档时，特别是一些机密的文档，给 Word 文档加上密码是一项非常有用的功能，也是一项安全的保障。为了防止他人看见内容，我们必须给 Word 文档加上密码。Word 文档加密后必须输入正确的密码后才可以查看内容。下面介绍 Word 文档加密的方法。

【操作步骤】

【方法 1】打开文档，单击【WPS 文字】/【选项】命令，弹出【选项】对话框，单击对话框左侧【安全性】菜单命令，对话框右侧显示【安全性】属性内容。在“打开文件密码”“再次键入密码”文本框中输入文档打开密码。单击【确定】按钮。

【小提示】此方法对当前文档进行加密。

【方法 2】打开文档，单击【WPS 文字】/【另存为】命令，弹出【另存为】对话框，见图 1－18，对话框右下方显示【加密】按钮；单击【加密】按钮，显示【安全性】对话框；在该对话框中“打开文件密码”“再次键入密码”右侧的文本框中输入文档打开密码。单击【确定】按钮，另存当前文档即可。

【小提示】此方法是对另存的文档进行加密，并非当前文档。

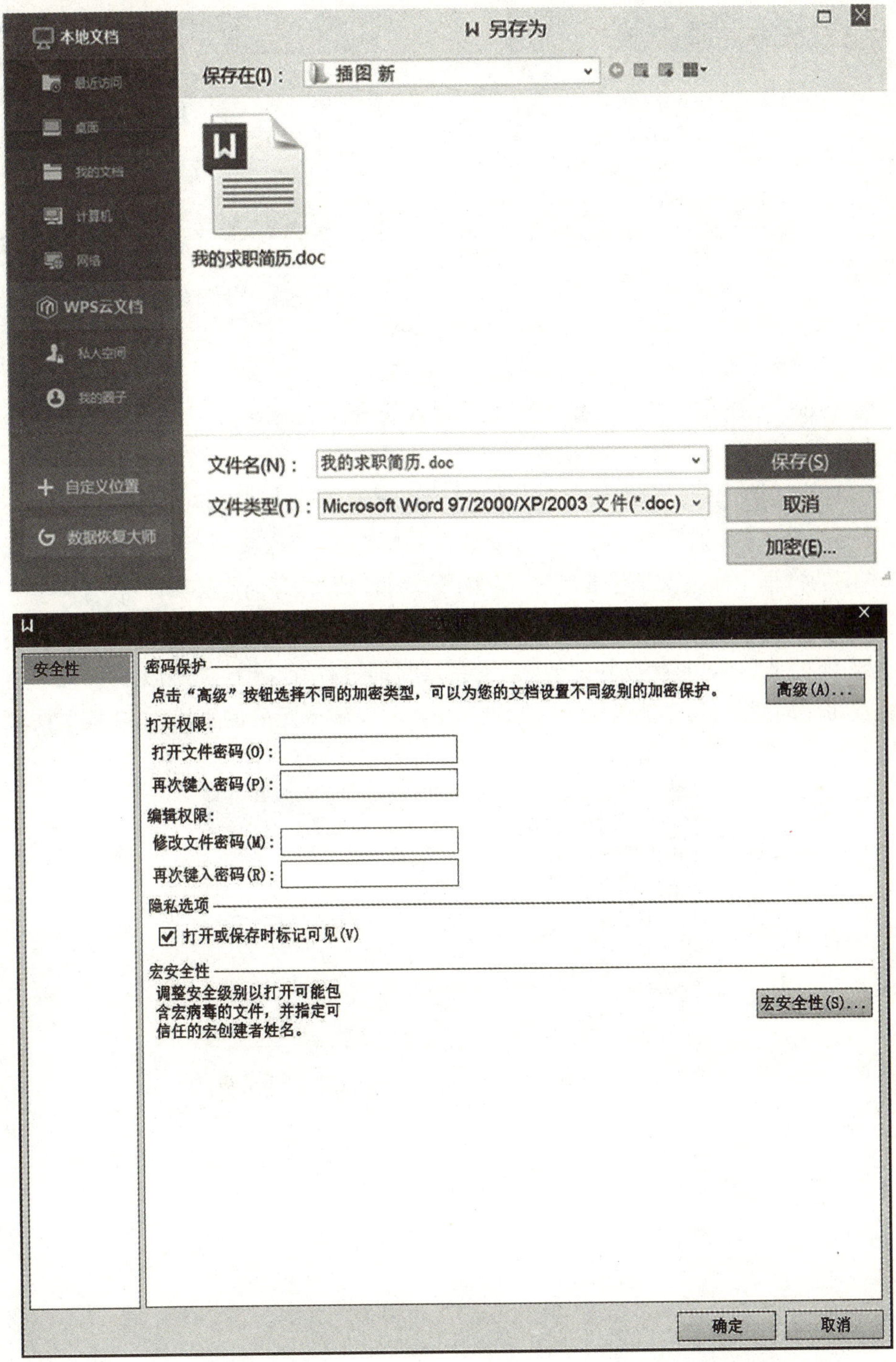

图 1－18　【加密】文档

【文档解密】打开加密文档时，WPS 弹出密码输入框，如图 1－19 所示，提示输入密码。密码输入正确，则打开文档，否则无法打开。

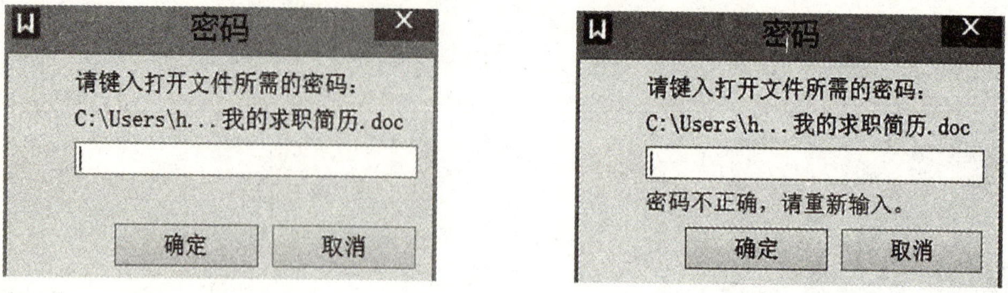

密码输入框　　密码错误警告

图 1－19　密码输入框

2. 保护文档

如果 doc 文档允许他人查看，而不允许他人修改，可以采取保护的方法来实现。

【操作步骤】

1）打开文档，单击【WPS 文字】/【选项】菜单命令，弹出【选项】对话框。

2）在【选项】对话框中，单击左侧【安全性】菜单，在“修改文件密码”与“再次键入密码”右侧的方框中输入文档修改密码，单击【确定】按钮，保存当前文档即可。

【小提示】在打开设置了“修改文件时的密码”的文档时，会弹出如图 1－20 所示的对话框，不输入密码，直接按其中的【只读】按钮，即可打开文档进行浏览。而此时对文档所做的任何修改，均不能被保存到原文档中。只有输入正确的密码后，才能对文档进行编辑。

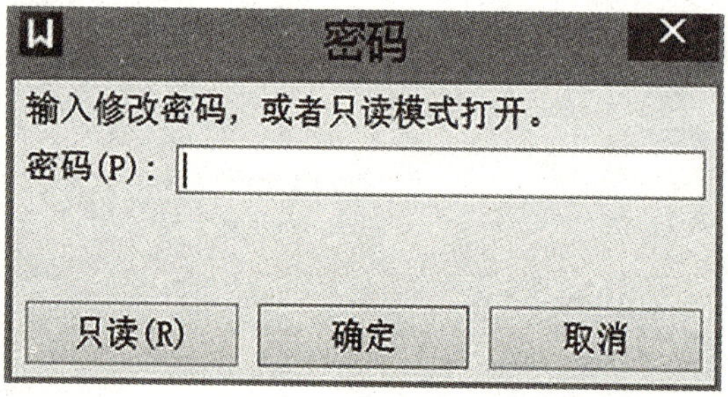

图 1－20　【选项】对话框

第二章　WPS 表格基础操作

【知识背景】

WPS 表格是一个电子表格软件，可以用来制作电子表格、完成许多复杂的数据运算，进行数据的分析和预测并且具有强大的制作图表的功能。

对于 WPS 表格的初学者，首先应掌握如何创建一个普通的电子表格。本项目将以制作人事档案表为例，介绍普通电子表格从新建、录入及编辑文本内容、表格的格式化到最终保存的一个完整过程。

启动 WPS 表格之后，会自动创建一个新的空白的工作表，默认的文件名为“book1. xls”，选择一张空白的工作表即可输入具体的内容。本项目是某单位的人事档案，主要包括表格内容输入和编辑的基本步骤和方法，数据格式设置以及表格边框和填充图案等基本操作。表格制作完成后，最后再将其保存。这样一个工作表从创建、设计到完成的整个过程就完整地展现出来了。

任务一　建立工作簿并输入数据

本任务包括两项内容：简历工作簿和输入数据。

【操作步骤】

1）启动 WPS 表格，新建一个“空白工作簿”，默认的文件名为“book1. xls”。

2）输入数据，如图 2－1 所示。

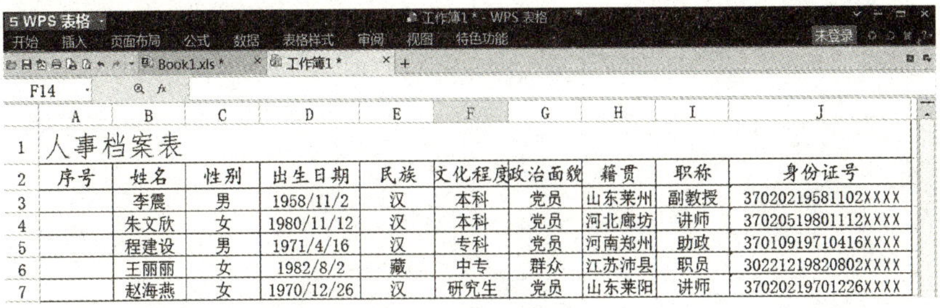

	A	B	C	D	E	F	G	H	I	J
1	人事档案表									
2	序号	姓名	性别	出生日期	民族	文化程度	政治面貌	籍贯	职称	身份证号
3		李震	男	1958/11/2	汉	本科	党员	山东莱州	副教授	37020219581102XXXX
4		朱文欣	女	1980/11/12	汉	本科	党员	河北廊坊	讲师	37020519801112XXXX
5		程建设	男	1971/4/16	汉	专科	党员	河南郑州	助政	37010919710416XXXX
6		王丽丽	女	1982/8/2	藏	中专	群众	江苏沛县	职员	30221219820802XXXX
7		赵海燕	女	1970/12/26	汉	研究生	党员	山东莱阳	讲师	37020219701226XXXX

图 2－1　WPS 表格

【知识链接】

◆表格数据有文本型、数值型、日期时间型、公式与函数型等，每种类型都有各自的格式，只要按规定的格式输入，系统就会自动判断是哪一种类型并自动转换数据。

◆在单元格内输入数据后，不同类型的数据在单元格内的对齐方式也不相同，文本型数据自动左对齐，数值型数据、日期型数据自动右对齐。

3）在 A3 单元格内输入“1”按下 Ctrl 键，拖拽 A3 单元格填充柄到 A7 单元格，如图 2－2所示。

	A	B
1	人事档案表	
2	序号	姓名
3	1	李震
4	2	朱文欣
5	3	程建设
6	4	王丽丽
7	5	赵海燕

图 2－2　录入填充序列数据后的人事档案表

【知识链接】

◆初值为文本数据时，拖填充柄，在相应单元格中填充相同数据（即复制填充）。

◆初值为数值数据时，拖填充柄，在相应单元格中数字递增。

任务二　格式化工作表

本任务是对表中文字的字体、对齐方式、行高和列宽及表格框线等进行设置。

1. 第一步：设置字体

【操作步骤】

1）选择 A1 单元格，单击鼠标右键弹出快捷菜单，选择【设置单元格格式】命令，设置字体如图 2－3 所示。

2）选择 A2：AJ 单元格区域，设置字体为“楷体”“14 磅”“橙色”。

3）选择 A3：J14 单元格区域，设置字体为“宋体”“加粗”“12 磅”。

设置完成后，工作表如图 2－4 所示。

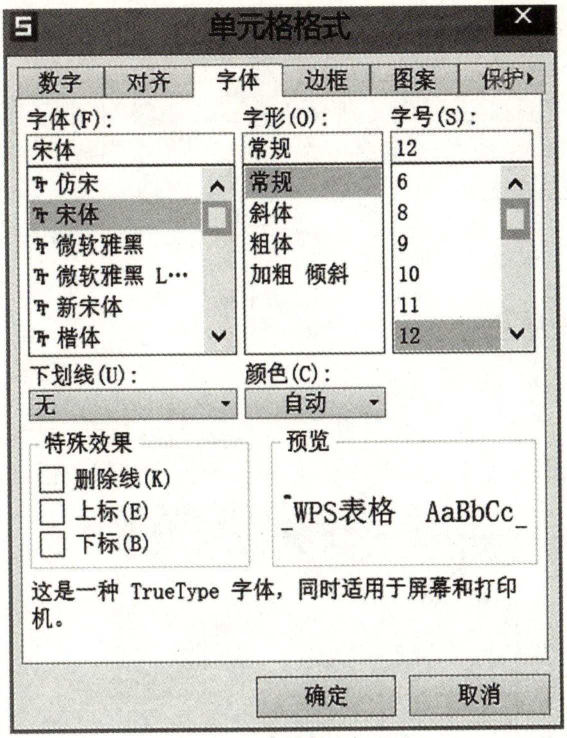

图 2－3　设置字体

	A	B	C	D	E	F	G	H	I	J
1	人事档案表									
2	序号	姓名	性别	出生日期	民族	文化程度	政治面貌	籍贯	职称	身份证号
3	1	李震	男	1958/11/2	汉	本科	党员	山东莱州	副教授	37020219581102XXXX
4	2	朱文欣	女	1980/11/12	汉	本科	党员	河北廊坊	讲师	37020519801112XXXX
5	3	程建设	男	1971/4/16	汉	专科	党员	河南郑州	助政	37010919710416XXXX
6	4	王丽丽	女	1982/8/2	藏	中专	群众	江苏沛县	职员	30221219820802XXXX
7	5	赵海燕	女	1970/12/26	汉	研究生	党员	山东莱阳	讲师	37020219701226XXXX

图 2－4　格式化效果图

【小提示】设置字体后，有些单元格显示为"######"，原因在于单元格宽度不够，将鼠标指针移动到该列号的右边线，当鼠标指针变成✚状时，双击鼠标，该列将设置成最合适的宽度，这样数据就能正常显示了。

2. 第二步：设置对齐方式

【操作步骤】

1）选择 A1：AJ 单元格区域，单击【开始】/【合并居中】按钮，即可完成单元格的合并居中，如图 2－5 所示。

	A	B	C	D	E	F	G	H	I	J
1	人事档案表									
2	序号	姓名	性别	出生日期	民族	文化程度	政治面貌	籍贯	职称	身份证号

图 2－5　总标题合并居中

2）选择 A2：J7 单元格区域，单击【开始】工具栏上居中按钮。完成以上步骤后，工作表如图 2 -6 所示。

	A	B	C	D	E	F	G	H	I	J
1	人事档案表									
2	序号	姓名	性别	出生日期	民族	文化程度	政治面貌	籍贯	职称	身份证号
3	1	李震	男	1958/11/2	汉	本科	党员	山东莱州	副教授	37020219581102XXXX
4	2	朱文欣	女	1980/11/12	汉	本科	党员	河北廊坊	讲师	37020519801112XXXX
5	3	程建设	男	1971/4/16	汉	专科	党员	河南郑州	助政	37010919710416XXXX
6	4	王丽丽	女	1982/8/2	藏	中专	群众	江苏沛县	职员	30221219820802XXXX
7	5	赵海燕	女	1970/12/26	汉	研究生	党员	山东莱阳	讲师	37020219701226XXXX

图 2 -6　设置居中对齐方式

3. 设置行高和列宽

【操作步骤】

1）选择第一行，在菜单栏中选择【开始】/【行和列】/【行高】按钮，弹出如图 2 -7 所示【行高】对话框。在【行高】数值框中输入“36”，单击【确定】按钮。

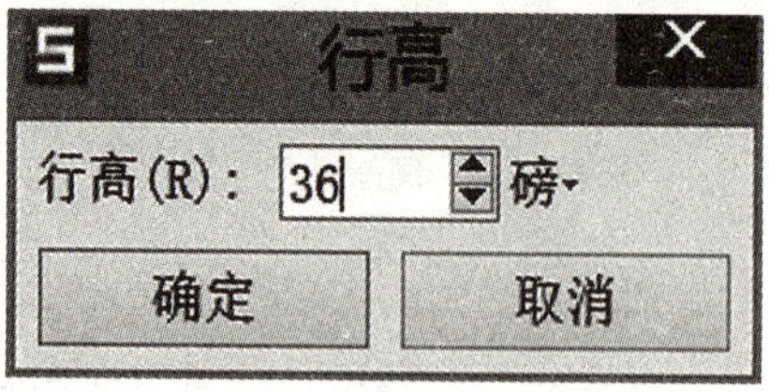

图 2 -7　【行高】对话框

2）选择第 2 行，设置行高为“30”。选择第 3 ~7 行，设置行高“20”。

【小提示】选择一行或多行，将鼠标指针置于行号的下底线上，当鼠标指针成状时，垂直拖拽鼠标，在适当位置释放鼠标左键也可完成行高设置。

3）选择第 A ~J 列，选择【开始】/【行与列】/【最适合的列宽】命令，被选定的列将根据列中数据自动调整为最适合的宽度。

【小提示】选择一列或多列，将鼠标指针置于列号的右边线上，当鼠标指针成状时，双击鼠标，该列将设置成最合适的宽度。

设置后的工作表如图 2 -8 所示：

	A	B	C	D	E	F	G	H	I	J
1	人事档案表									
2	序号	姓名	性别	出生日期	民族	文化程度	政治面貌	籍贯	职称	身份证号
3	1	李震	男	1958/11/2	汉	本科	党员	山东莱州	副教授	370202195811028912
4	2	朱文欣	女	1980/11/12	汉	本科	党员	河北廊坊	讲师	370205198011123465
5	3	程建设	男	1971/4/16	汉	专科	党员	河南郑州	助政	370109197104168934
6	4	王丽丽	女	1982/8/2	藏	中专	群众	江苏沛县	职员	302212198208024566
7	5	赵海燕	女	1970/12/26	汉	研究生	党员	山东莱阳	讲师	370202197012266865

图 2 -8　设置行高和列宽后的工作表

4. 设置表格线

1）选择 A2:J7 单元格区域，单击鼠标右键，选择【设置单元格格式】命令，弹出【单元格格式】对话框，切换到【边框】选项卡中进行设置，如图 2 -9 所示。单击【确定】按钮,完成外边框以及内框线的设置。

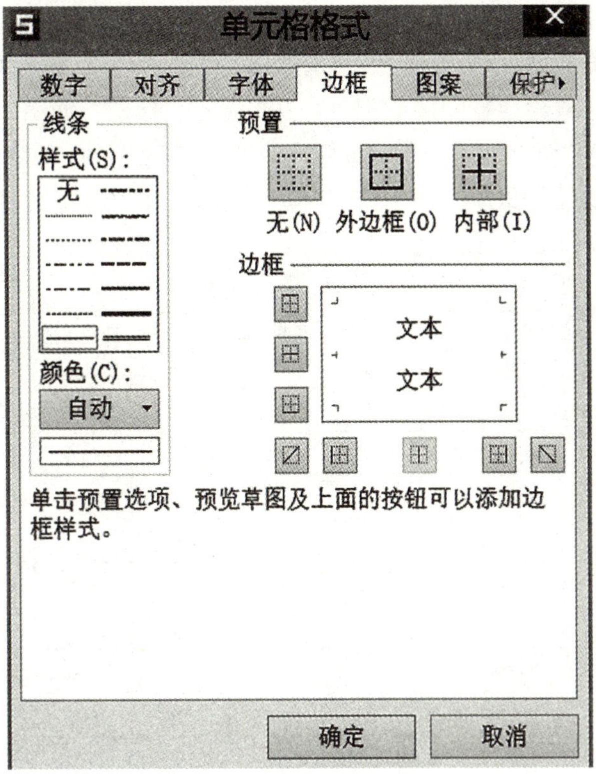

图 2-9 【边框】对话框

2)选择 A2:A7 单元格区域,设置下框线为“双线”“蓝色”,单击【确定】按钮,完成标题行下框线的设置。

3)至此,整个人事档案表制作完毕,选择【WPS 文字】/【另存为】命令,在弹出的【另存为】对话框中,输入文件名“人事档案表. xls”,单击【确定】按钮,即可保存到所选择的路径下。

【小提示】也可以按 Ctrl + S 组合键,弹出【另存为】对话框保存文件。

任务三　制作员工工资表

【项目背景】

在使用 WPS 表格制作电子表格时,有些数据是需要计算才能得出的,利用 WPS 表格的公式与函数,可以非常方便地得到计算,使用户的工作变得简单高效。

用户在掌握表格的创建和设计方法后,应该能掌握如何使用公式和函数,实现表格数据的计算。本项目以 WPS 表格制作职工工资为例,介绍 WPS 表格的公式和函数用法。

【项目分析】

在WPS表格中,除了可以直接输入数据外,在很多情况下,一些数据是需要通过计算得出的,这就需要掌握公式和函数的使用。本项目是关于职工的工资表,主要利用WPS表格的公式与函数计算相关数据。打开“职工工资表”,如图2－10所示,选择sheet1工作表,利用公式和函数计算“最高工资”“最低工资”“平均工资”等数据。表格制作完成后,保存计算结果。

	A	B	C	D	E	F
1	职工工资表					
2	姓名	职称	基本工资	职务工资	加班补贴	应发工资
3	李昆明	高工	1460	360	580	2400
4	王璇	工程师	1280	240	460	1980
5	周玉洁	助工	1258	125	390	1773
6	聂思清	工程师	1380	240	470	2090
7	刘玉超	助工	1200	125	500	1825
8	付海洋	工程师	1360	240	490	2090
9	徐子健	高工	1600	360	450	2410
10	李明绮	助工	1000	125	400	1525
11	郭芳	高工	1520	360	685	2565

图2－10 职工工资表

1. 使用公式

使用公式处理电子表格数据,可以快速完成复杂的计算,如本例中“应发工资”,可通过公式计算得到。

【操作步骤】

1)打开“职工工资表.xls”,表格内容如图2－10所示。

2)选择单元格,输入公式“=C3+D3+E3”,如图2－11所示,按下Enter键或单击工具栏上 ✓ (输入)按钮,计算出应发工资。

	A	B	C	D	E	F
1	职工工资表					
2	姓名	职称	基本工资	职务工资	加班补贴	应发工资
3	李昆明	高工	1460	360	580	=C3+D3+E3

图2－11 输入公式

3)单元格编号(如:C3)可以直接输入也可以用鼠标选择相应单元格产生。

【小提示】

◆若输入的公式或函数有错误,可按下Esc键或点击【编辑】工具栏上的 ✕ (取消)按钮,取消输入。

◆如果输入的公式中有错误,按下 Enter 键后,公式计算结果会显示“#NAME”。

【知识链接】

(1)使用公式和函数时,要遵守以下规定

◆首先选择存放计算结果的单元格,必须以“ = ”开头,然后再输入公式或函数。

◆常量、单元格引用、函数名、运算符等必须是英文符号。

◆参与运算的数据类型必须与运算符相一致。

◆括号必须成对出现,并且配对正确。

(2)运算符

公式通常应使用运算符进行运算,WPS 表格包含 4 种类型的运算符,即算术运算符、比较运算符、文本运算符和引用运算符。

任务四　数据排序

WPS 表格不仅可以利用公式和函数进行数据的计算,还具有数据组织、管理和处理等功能,可实现数据的排序、筛选、统计和查询等。

用户在掌握表格的创建和设计及公式和函数后,应掌握如何使用数据处理功能,完成各种数据处理任务。本项目以制作职工工资表为例,介绍 WPS 表格的数据排序功能。

【项目分析】

本项目是关于某车间的职工工资表,主要介绍 WPS 表格的数据处理功能。打开“职工工资表. xls”工作簿,选择“sheet1”工作表,进行数据的排序操作。数据处理完成后,保存处理结果。

工作表中的数据往往没有规律,但在进行数据处理时,经常需要按某种规律排列数据,以满足要求。

【操作步骤】

1)首先打开“职工工资表. xls”,表格内容如图 2 – 12 所示。要求按照“加班补贴”由高到低排序。

2)鼠标拖拉选取要排序的数据区域即图所示红色区域。单击菜单【数据】/【排序】弹出【排序】对话框,如图 2 – 13 所示。单击“主要关键字”下方的下拉列表,选取排序字段【加班补贴】,单击【确定】按钮,排序完成。排序方式有升序(从小到大排序)和降序(由大到小排序)。

若“加班补贴”相同,怎么排序呢? 很简单,在【排序】对话框中,选取【排序次要关键字】即可。如“加班补贴”相同,则按【次要关键字】排序。

	A	B	C	D	E	F
1	职工工资表					
2	姓名	职称	基本工资	职务工资	加班补贴	应发工资
3	李昆明	高工	1460	360	580	2400
4	王璇	工程师	1280	240	460	1980
5	周玉洁	助工	1258	125	390	1773
6	聂思清	工程师	1380	240	470	2090
7	刘玉超	助工	1200	125	500	1825
8	付海洋	工程师	1360	240	490	2090
9	徐子健	高工	1600	360	450	2410
10	李明绮	助工	1000	125	400	1525
11	郭芳	高工	1520	360	685	2565

图 2－12　职工工资表

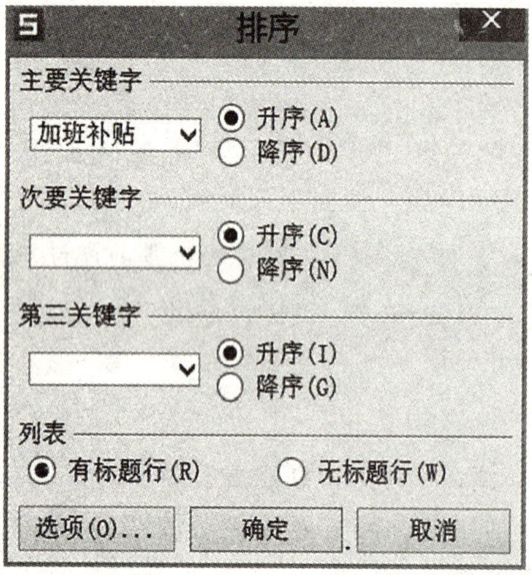

H13

	A	B	C	D	E	F
1	职工工资表					
2	姓名	职称	基本工资	职务工资	加班补贴	应发工资
3	周玉洁	助工	1258	125	390	1773
4	李明绮	助工	1000	125	400	1525
5	徐子健	高工	1600	360	450	2410
6	王璇	工程师	1280	240	460	1980
7	聂思清	工程师	1380	240	470	2090
8	付海洋	工程师	1360	240	490	2090
9	刘玉超	助工	1200	125	500	1825
10	李昆明	高工	1460	360	580	2400
11	郭芳	高工	1520	360	685	2565

图 2－13　【排序】对话框

【小提示】让不同类型数据用不同颜色显示。

在工资表中，如果想让大于或等于 2 000 元的工资总额以“红色”显示，大于或等于 1 500 元而小于 2 000 元的工资总额以“蓝色”显示，低于 1 000 元的工资总额以“棕色”显示，其他以“黑色”显示，我们可以这样设置。

1）打开“工资表”工作簿，选中“工资总额”所在列，执行“格式→条件格式”命令，打开“条件格式”对话框。单击第二个方框右侧的下拉按钮，选中“大于或等于”选项，在后面的方框中输入数值“2 000”。单击“格式”按钮，打开“单元格格式”对话框，将“字体”的“颜色”设置为“红色”。

2）按“添加”按钮，并仿照上面的操作设置好其他条件（大于或等于 1 500 而小于 2 000元，字体设置为“蓝色”；小于 1 000，字体设置为“棕色”）。

3）设置完成后，按下“确定”按钮。

工资表的工资总额的数据则会按你的要求以不同颜色显示出来。

第三章　网上生活

【知识背景】

近几十年来，互联网快速发展，它让我们的生活发生了“翻天覆地”的变化；它无时无刻不在影响着我们的日常生活、学习，改变我们生活的方式与节奏。通过互联网，我们可以足不出户地学习、购物、逛街、娱乐，特别是在炎热的夏天、寒冷的冬季，互联网为我们的生活提供了极大的便利。如何使用互联网呢？下面，让我们共同见证互联网的魅力吧！

任务一　浏览网页

浏览网页需要一个软件——浏览器，在 Windows 中自带一个 IE 浏览器，还可以在网上下载并安装其他浏览器等。浏览器是指可以显示网页服务器或者文件系统的 HTML（超文本标记语言）文件内容，并让用户与这些文件交互的一种软件。网页浏览器主要通过 HTTP（超文本传输）协议与网页服务器交互并获取网页，这些网页由 URL（统一资源定位器）指定，文件格式通常为 HTML，并由 MIME 在 HTTP 协议中指明。一个网页中可以包括多个文档，每个文档都是分别从服务器获取的。

打开网页有两种方法，如果知道网址，可以在打开浏览器后在地址栏中输入该网址单击“转到”按钮即可；如果不知道网址，但知道关键词，就可以利用搜索引擎进行搜索，搜索到后再单击其中的一个超链接文字处即可，常用的搜索引擎有 baidu（百度）、sina（新浪）、sohu（搜狐）等。目前，常用的浏览器有 IE、360 浏览器和百度浏览器等，如图 3 - 1 所示。

图 3－1 常用浏览器

1. IE

Internet Explorer 是目前市场上使用比率最高的浏览器，简称 IE，是微软公司推出的一款网页浏览器。Internet Explorer 是使用最广泛的网页浏览器，虽然自 2004 年以来它丢失了一部分市场占有率。

2. 360 浏览器

360 安全浏览器是互联网上安全好用的新一代浏览器，拥有中国最大的恶意网址库，采用云查杀引擎，可自动拦截挂马、欺诈、网银仿冒等恶意网址。独创的“隔离模式”，让用户在访问木马网站时也不会被感染。无痕浏览，能够最大限度地保护用户的上网隐私。360 安全浏览器速度快、极少崩溃，并拥有翻译、截图、鼠标手势、广告过滤等几十种实用功能，已成为广大网民上网的优先选择。

3. 百度浏览器

2011 年 7 月 18 日，百度推出 PC 浏览器，以 APP 打造个性化应用平台。百度浏览器的使命是让人们更流畅的上网、更愉悦的在线生活。通过百度的开放整合和精准识别，可以一键触达海量优质的服务和资源，音乐、阅读、视频、游戏等个性娱乐所求。百度浏览器依靠百度强大的平台资源，以简洁、安全、快速、内容丰富为特色，是上网的好助手。

4. Google Chrome

中文名为“谷歌浏览器”，是由 Google 公司开发的网页浏览器。与苹果公司的 safari 相抗衡，浏览速度在众多浏览器中走在前列，属于高端浏览器。采用 BSD 许可证授权并开放源代码，开源计划名为 Chromium. 本软件的代码是基于其他开放源代码软件所撰写，包括 WebKit 和 Mozilla，目标是提升稳定性、速度和安全性，并创造出简单且有效的使用者界面。软件的名称是来自于被称作“Chrome”的网络浏览器图形使用者界面（GUI）。

5. 搜狗浏览器

“搜狗浏览器”即“搜狗高速浏览器”，是搜狗公司推出的国内首款集高速的 WebKit 内核（谷歌 Chrome 浏览器内核）与兼容的 Trident 内核（微软 IE 浏览器内核）于一身的双核高速浏览器。最新推出的搜狗高速浏览器 4.0 版具有超高速、超兼容、超安全的特点。

6. 火狐浏览器

Mozilla Firefox(缩写为 Fx),中文名为火狐,是由 Mozilla 基金会(谋智网络)与开源团体共同开发的网页浏览器。Firefox 是从 Mozilla Application Suite 派生出来的网页浏览器,从 2005 年开始,每年都被媒体 PC Magazine 选为年度最佳浏览器。根据 Net Applications 的统计,Firefox 全世界的浏览器市场份额突破 24.6%,仅次于 Internet Explorer。Firefox 单独为中国推出了 G－fox 火狐中国版,增加了一系列特色插件。

下面,我们以打开百度为例,向大家演示如何浏览网页。

◆首先在浏览器地址栏内输入要访问网站的地址。

◆点击键盘上【Enter】回车键,浏览器自动打开该网页,如图 3－2 所示。

图 3－2　打开网址

【小提示】目前,有许多网页提供网页导航功能,如 hao123、2345、uc123 等。可设置这些网页为浏览器主页,浏览器打开后,自动打开这些网页,这些网页提供大量常用网站、网址,点击网页名称即可打开该网址,非常方便。

导航网页名称	导航网页网址
hao123	http://www.hao123.com/
2345	http://www.2345.com/
uc123	http://www.uc123.com

任务二　网上搜索

Internet 上的信息浩如烟海,网络资源无穷无尽,如何快速找到我们所需要的资源是摆在我们面前的大问题,而 Internet 上的搜索引擎为我们解决了这个问题。搜索引擎主要功能是建立数据库,将杂乱无序的信息组织起来,建立有序的索引文档,供人们查询使用。目前,使用较多的中文搜索引擎有百度、Google、搜狗与网易等,搜索引擎网址如表 3－1 所示。可通过这些搜索引擎找到我们"想要"的几乎所有信息。

表 3－1　常用搜索引擎

搜索引擎	地址
百度	www. baidu. com
谷歌	www. google. com. hk
搜狗	www. sogou. com
搜搜	www. soso. com

下面,我们以搜索郑州铁路职业技术学院为例,演示如何使用搜索引擎。

◆首先在浏览器地址栏内输入搜索引擎地址如 www. baidu. com,打开百度,如图 3－3 所示。

◆在搜索栏中,输入要搜索的内容“郑州铁路职业技术学院”,单击【百度一下】按钮,百度列出搜索到的相关条目。

◆查看列出的条目,点击第一个条目,即可打开郑州铁路职业技术学院网站主页,查看信息。

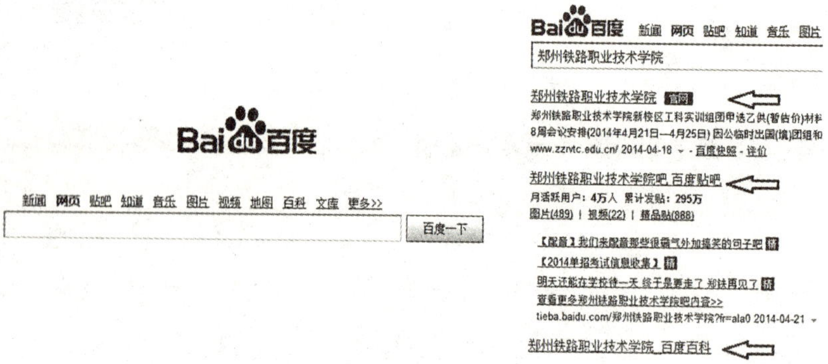

图 3－3　百度搜索郑州铁路职业技术学院

【小提示】要注意的是:在搜索一些银行、第三方支付机构主页时,一定要仔细甄别网站的真假,以免上当受骗。为了方便,建议使用导航页,这样一般不会遇到假冒伪劣网站。

任务三　网上听音乐

不少人都是在手机上听音乐,有试过在线听音乐看电影的吗? 下面教大家如何在线听音乐,其实很简单,我们一起来了解一下吧!

◆首先在浏览器地址栏内输入搜索引擎地址如 www. baidu. com,打开百度。

◆单击搜索框上方【音乐】标签,如图 3－4 所示,告诉百度我们要搜索的是音乐,打开百度音乐搜索界面,如图 3－5 所示。

◆百度音乐搜索界面列出了众多歌曲（有新歌、热歌、原创、经典老歌、网络歌曲等）供选择，如图3－6所示，单击歌曲名字右边的符号，即可播放或下载。

图3－4　百度

图3－5　百度音乐

图3－6　歌曲列表

【小提示】很多网站提供音乐盒供大家听音乐，如百度音乐、搜狗音乐、QQ 音乐等。安装上述软件，可非常方便地收听各种音乐曲目。

在网上看电影也是非常简单的。同网上听音乐一样，只需通过百度视频即可观看网络上的上万部电影。或者下载百度影音等影音工具即可观看。

任务四　网上银行

个人网上银行是指通过互联网，为个人客户提供账户查询、转账汇款、投资理财、在线支付等金融服务的网上银行渠道。能够满足不同层次客户的各种金融服务需求，并可为个人客户提供高度安全、个性化的服务。

通过网上银行，我们可以方便快捷地进行网上购物等。那么如何开通并使用网上银行呢？下面我们以工商银行的网上银行为例，为大家做简要介绍。

凡在工商银行开立本地工商银行财富卡、理财金账户、工商银行灵通卡、牡丹信用卡、活期存折等账户且信誉良好的个人客户，均可申请成为个人网上银行注册客户。

1. 第一步：开通网上银行

到工商银行网点柜台办理开通网上银行业务，个人客户需提供本人有效身份证件和所需注册的工商银行本地银行卡或存折。

【小提示】建议使用 U 盾、电子银行口令卡保护措施，确保安全无忧地使用网上银行，确保资金安全。

2. 第二步：登录网银

在网银登录窗口，如图 3－7 所示，输入卡（账）号、登录密码及验证码，选择页面风格，单击【登录】按钮就可成功登录个人网上银行了，如图 3－8 所示。

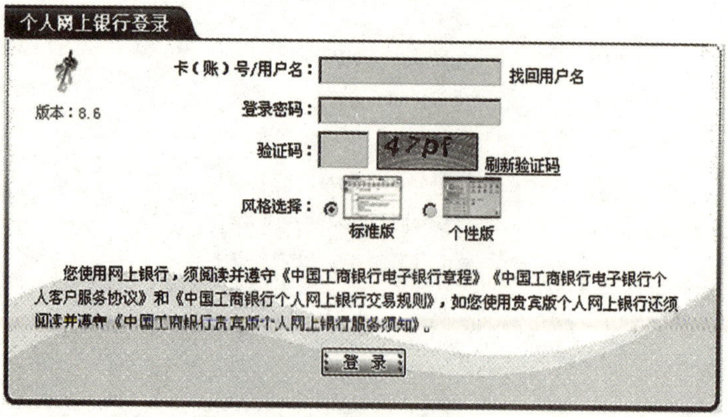

图 3－7　网银登录窗口

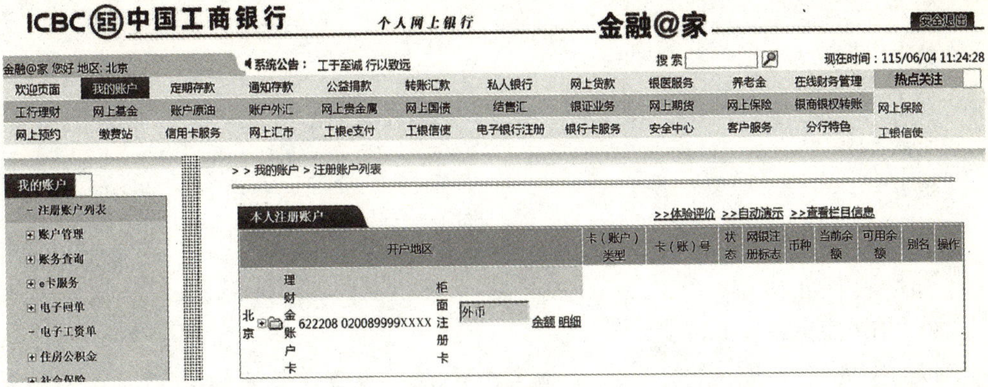

图3-8　个人网银窗口

【小提示】建议使用IE、360或搜狗浏览器登录网上银行,避免因浏览器兼容问题导致无法登录网上银行。首次登录网上银行时,网站会提示安装网银助手,后根据提示安装必要安全控件,保证网银登录安全。

网上银行具有如下功能:

◆功能强大:多账户管理,方便您和您的家庭理财;个性化的功能和提示,体现您的尊贵;丰富的理财功能,成为您的得力助手。

◆方便快捷:24小时网上服务,跨越时空,省时省力;账务管理一目了然,所有交易明细尽收眼底;同城转账、异地汇款,资金调拨方便快捷;网上支付快捷便利。

◆信息丰富:可提供银行利率、外汇汇率等信息的查询,配备详细的功能介绍、操作指南、帮助文件及演示程序,帮助您了解系统各项功能。

任务五　网上购物

网上购物流程是通过互联网媒介用数字化信息完成购物交易的过程。在网上我们还可以进行实物交易,淘宝网是中国最大的网上交易网站,我们可以进行各种商品交易,服饰、体育、农产品、种子、豆类、大米、食用油等都可以网上交易,就是二手自行车也可以在网上交易。在因特网上,我们不但可以买东西,也可以卖东西,如果想在网上经营的话,你可以在淘宝上申请开店铺。

1. 选购商品

网上购物诸多地方不同于传统购物方式,包括挑选物品、主体身份、支付、验货等。

网上购物主要步骤:

第一,不管购物平台选择是商城还是网店,都是畅享购物快乐的第一步。

第二,注册账号。

第三,挑选商品。

第四,协商交易事宜。

第五,填写准确详细的地址和联系方式。

第六，选择支付方式。

第七，收货、验货。

如若不满意，那么向下：

第八，退换货。

第九，退款。

第十，维权。

第十一，评价。

(1)拍下宝贝并完成付款

以淘宝为例：首先，你要注册一个淘宝账号，然后下载一个在线聊天工具——淘宝旺旺(淘宝网也提供网页版阿里旺旺)。淘宝旺旺用于和商家进行交流，用法和 QQ 网上聊天基本相同，方便易用。淘宝网网页如图 3－9 所示。

图 3－9　淘宝网

登录后，可以在我的淘宝中先选择你要购买的商品进行查询，如图 3－10 所示，在查询出的页面，你可以选择以人气、销量、信用以及价格等方式排列商品，这样可以一目了然地看到你所要选的商品。

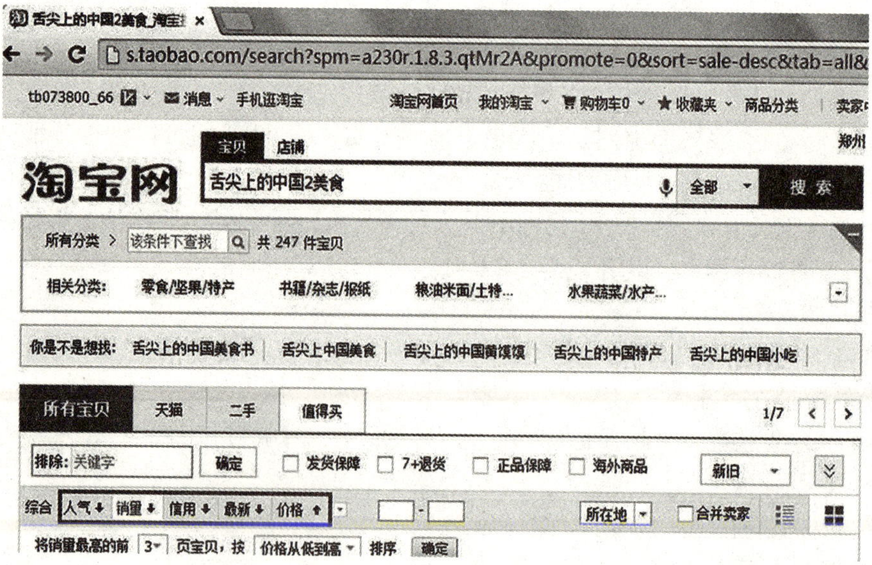

图 3－10　查询商品

然后，选定一家信誉尚可、价格较低的商家，就你所要的商品和他详谈商品的品质、价格及售后和所走的物流，如图3－11所示。一切谈妥后，单击【立刻购买】，如图3－12所示。最后，核对付款方式、邮寄地址等订单信息，单击提交即可，如图3－13所示。

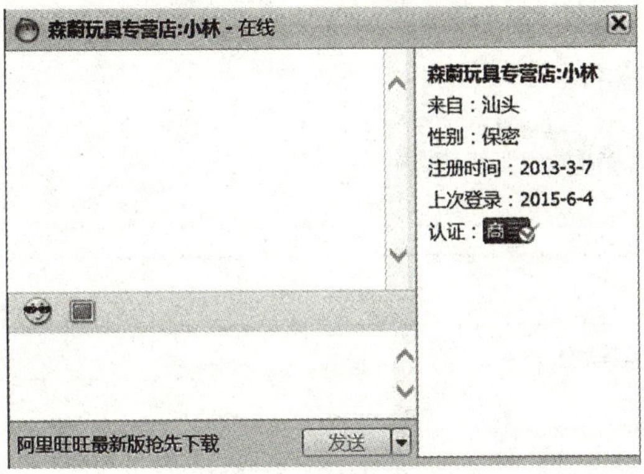

图3－11　淘宝旺旺

图3－12　选定宝贝

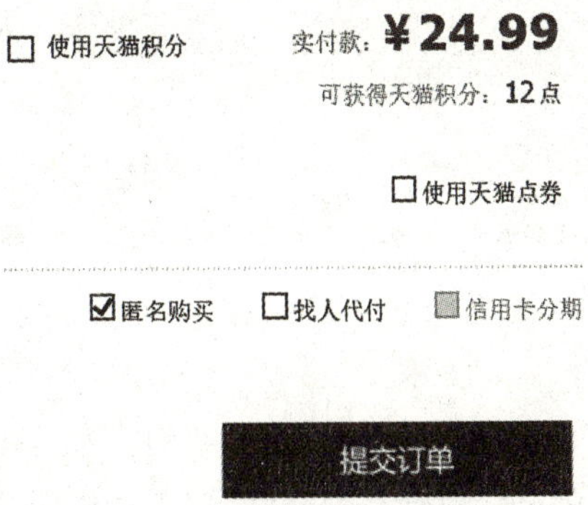

图3－13　确认订单

选择支付方式，在这里推荐使用第三方支付平台——支付宝。这一支付平台是先把货款打入第三方账户，只有当收到货时确认货品与商家承诺一致，支付宝才会把你的款项转入商家户头，这样对你购物比较有保障，如图3－14、图3－15所示。也可以用网上银行给支付宝充值，如果无网上银行，可以让有网上银行的朋友给你充值，还有部分商家支持信用卡在线支付。

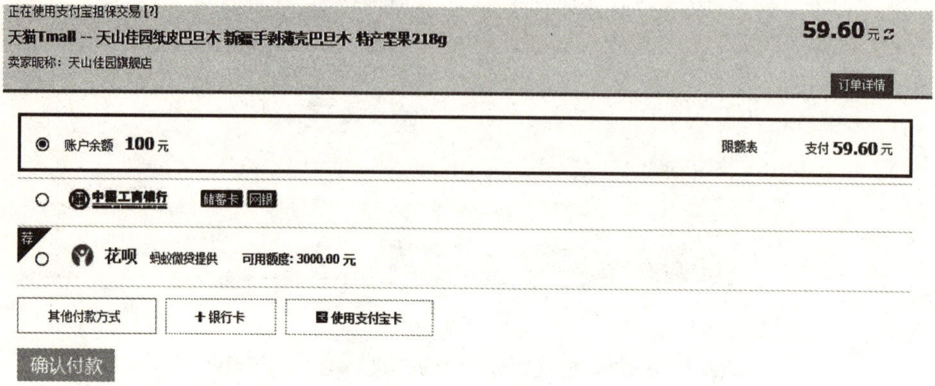

图3－14 确认支付

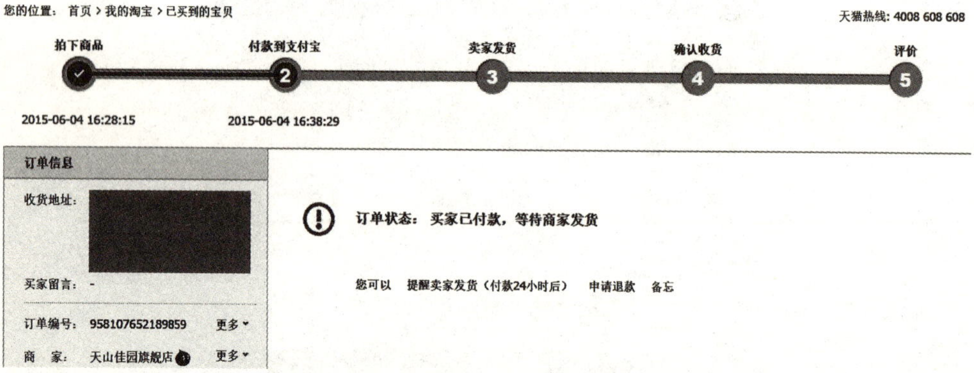

图3－15 付款成功

（2）确认收货

登录支付宝的消费记录，找到你需要确认收货的交易，单击【确认收货】，如图3－16所示。

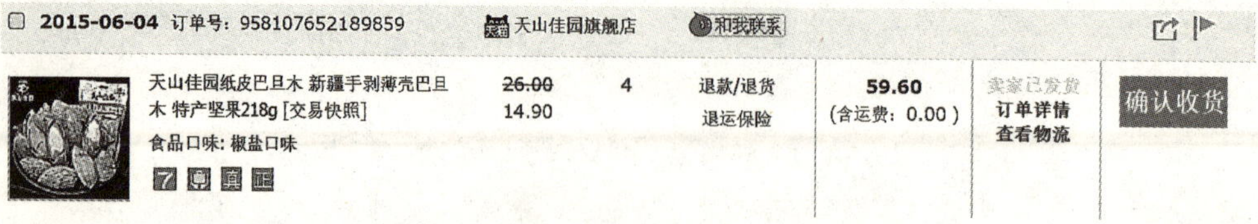

图3－16 确认收货

务必在收到货品后才单击【确认收货】按钮，以免造成资金损失。核对订单信息，输入支付密码，单击【确定】，如图3－17所示。

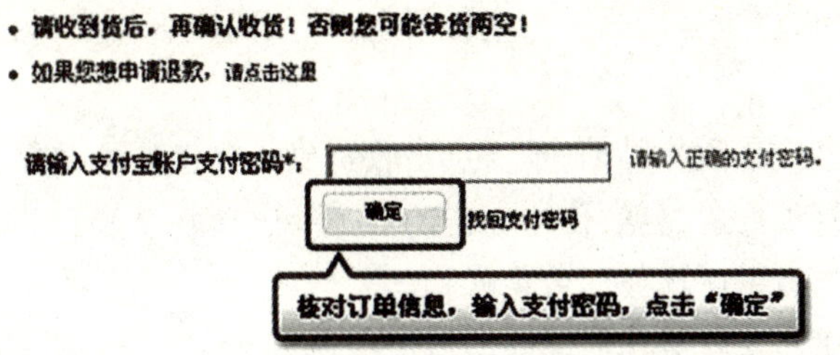

图 3－17　付款

(3)交易评价

当你收到货物后及时查验，如果没有问题的话，就可以对货物是否与卖家所描述的相符、卖家的服务态度、发货速度等进行评价，这有助于提高双方的信誉，也为其他人购物提供了参考依据，如图 3－18 所示。买家对卖家进行了评价后，这次交易就完全结束了。

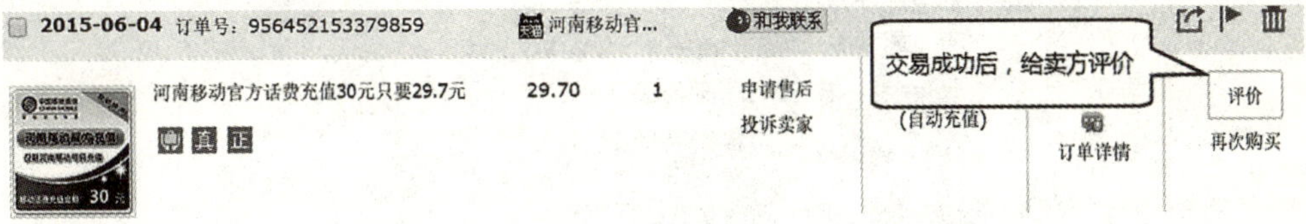

图 3－18　交易评价

【小提示】常用的购物网站地址如表 3－2 所示：

表 3－2　常用的购物网站

购物网站	地址
京东商城	www. jd. com
当当网	www. dangdang. com
淘宝网	www. taobao. com
国美在线	www. gome. com. cn
苏宁易购	www. suning. com

2. 网购注意事项

第一，网络购物具有隐蔽性、购物体验感差等特点，所以在选择购物平台时一定要选择那些依照国家工商局《网络交易及有关服务行为暂行办法》实行实名制的网站，维护自己应有的权益。

第二，仔细阅读退换货条款，隐设门槛的不予选择。

第三，注册账号，对个人信息能少填的尽量少填，避免用工作邮箱，因为商家的广告会接踵而至的。

第四，在购物前需与商家咨询协商，数量、规格、颜色、发货时间、质量问题处理方式等。

第五，拍下物品养成不直接支付的习惯，关闭支付页面，在自己账号后台点击打开所购商品，并支付。这样的好处是有效防止钓鱼网站借壳钓鱼。

第六，选择支付，尽量运用第三方支付平台，慎用网银直接支付，这样做可以多给自己留一条退路。

第七，在没有完全接收货品前，不要点击收货确认并付款给对方。

第八，不要轻易被广告蛊惑，价格离奇的低不一定是好事。

第九，不要轻易点击链接或广告采购物品。

第十，官方网店或者官方性质的网店靠得住。

3. 网上支付

我们以工商银行网上支付为例，说明如何进行网上支付。

选择工行网银支付后，进入订单确认界面，检查浏览器的安全标识，选择支付方式，输入支付卡（账）号、验证码，单击【下一步】，如图 3－19 所示。

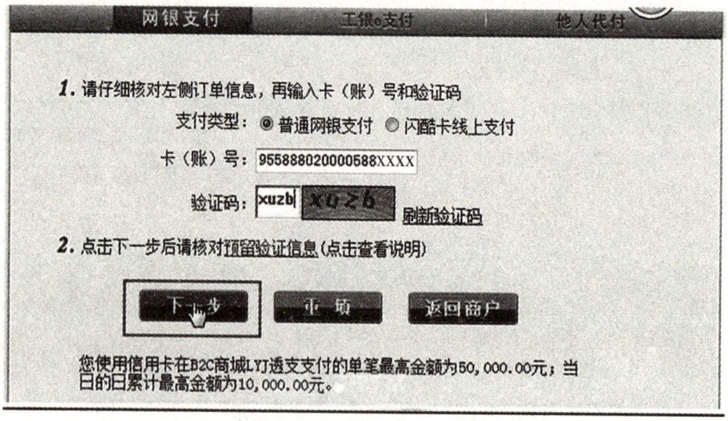

图 3－19　网银

进入工商银行预留信息确认页面，“预留信息验证”可有效识别银行网站、防范不法分子利用假银行网站进行网上诈骗。如果网页上没有显示预留验证信息或显示的信息与您的预留信息不符，应该立即停止交易并与工商银行 24 小时客户服务热线 95588 联系；如确认无误，则单击【全额付款】按钮，如图 3－20 所示。

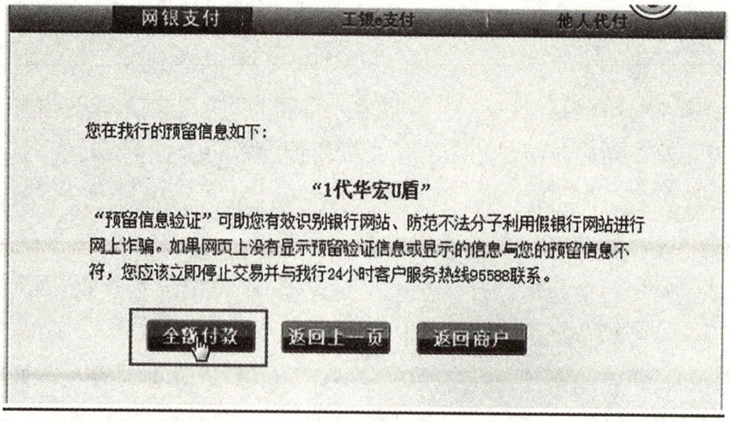

图 3－20　【全额付款】

此时，页面会回显出你的支付卡号和支付金额，单击【提交】按钮，如图 3－21 所示。

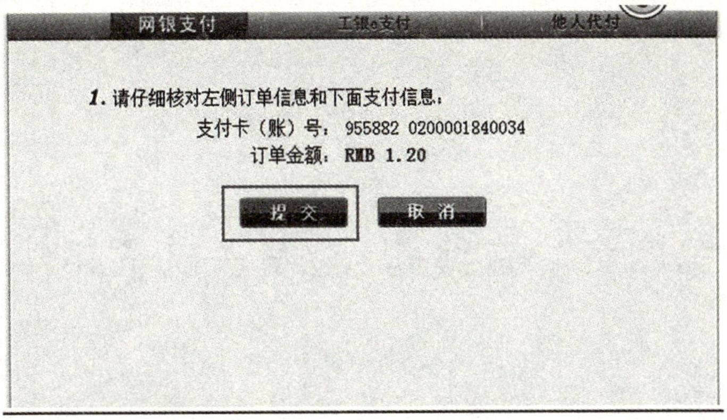

图 3－21　【提交】支付

系统提示你插入 U 盾，U 盾显示交易信息；认真核对交易信息，信息无误，则轻按 U 盾【OK】按钮，如图 3－22 所示。

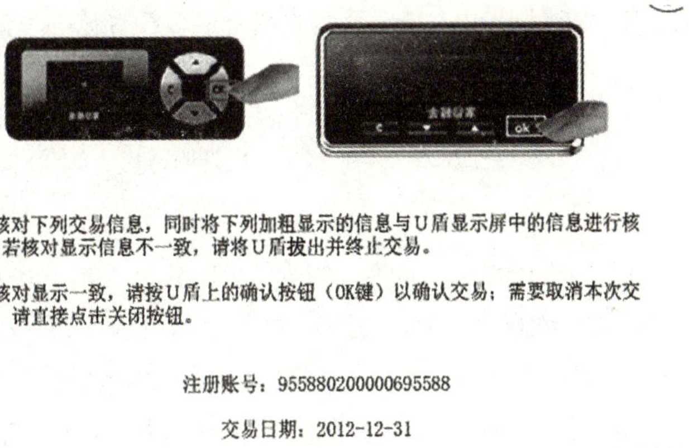

图 3－22　核对交易信息

页面弹出密码框，输入 U 盾密码或口令卡动态口令，单击【确认】按钮，如图 3－23 所示。到此，交易成功，如图 3－24 所示。

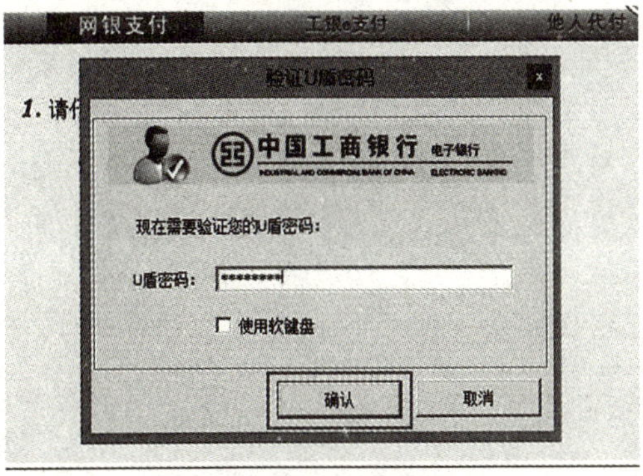

图 3－23　输入密码

图 3－24　交易成功

第四章 在线聊天、发送电子邮件

【知识背景】

在上一章里，我们学习了如何利用互联网来做我们想做的事情，互联网是不是很简单，很好用啊！在这里，我们将学习两项最实用、最常用的功能：QQ 聊天与发送电子邮件。这也是广大网民用到的最多的网络技能。远离家乡去外地打工，休息时间可通过网络和妻子、孩子聊聊天，同朋友一起玩玩游戏等，是多么有趣的事情啊！

任务一 同家人网上聊 QQ

聊天功能是网上用户用得最多的一个功能，我们只要在网上申请一个 QQ 号后，如果系统安装了 QQ 软件，就可以和别人在网上进行实时交流了，除了文字输入交流形式外，还可以语音聊天、视频聊天，与电话联系相比，成本大大降低。

腾讯 QQ（简称"QQ"）是腾讯公司开发的一款基于 Internet 的即时通信（IM）软件。腾讯 QQ 支持在线聊天、视频聊天以及语音聊天、点对点断点续传文件、共享文件、网络硬盘、自定义面板、QQ 邮箱等多种功能，并可与移动通信终端等多种通信方式相连。QQ 是中国目前使用最广泛的聊天软件之一。那么，你拥有一个 QQ 号是必须的，下面教大家如何申请 QQ 号。

1. 安装 QQ 客户端

下载腾讯 QQ 客户端，直接百度一下 QQ，就有百度软件供你下载；也可以去腾讯官网下载，按步骤下载安装；其实也可以网页申请，不过考虑到 QQ 迟早要登录客户端聊天的，早点下好也是有道理的，所以就先下载再申请。一切准备就绪，桌面会出现企鹅的图标，如图 4－1 所示。

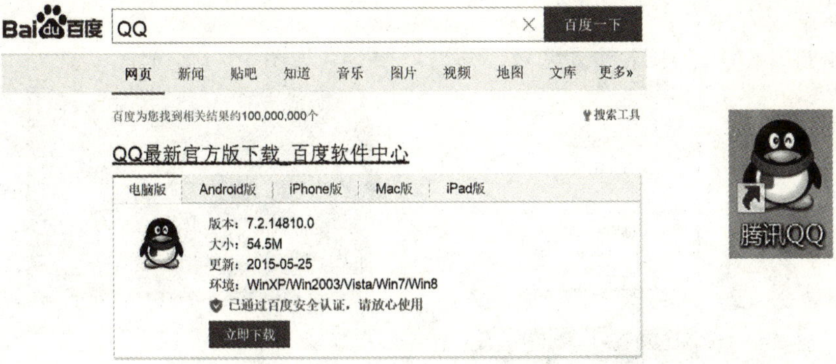

图 4－1　安装 QQ 客户端

2. 申请账号

双击企鹅图标，进入后选择注册账号，就会出现注册界面，按要求填写信息后，选择立即注册，如图 4－2 所示。

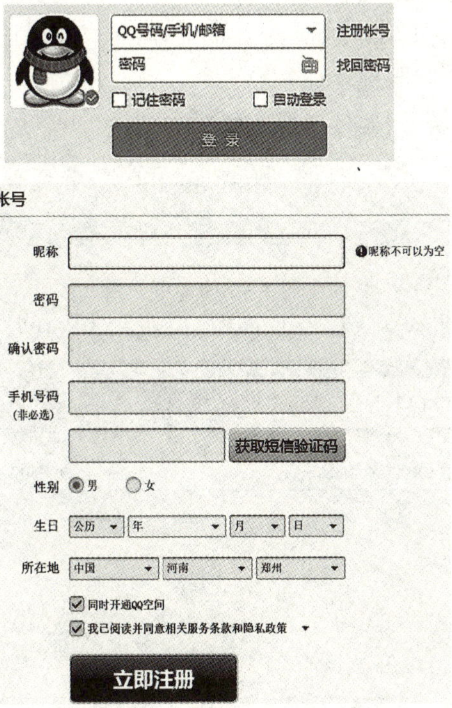

图 4－2　注册 QQ 账号

申请 QQ 账号后会提示你申请成功，并显示你的 QQ 号，如图 4－3 所示。这便是你以后登录 QQ 的账号，密码则是你刚才填写的密码。

图 4－3　QQ 号注册成功

3. 登录 QQ

双击打开 QQ 客户端，输入账号、密码，登录 QQ，如图 4－4 所示。

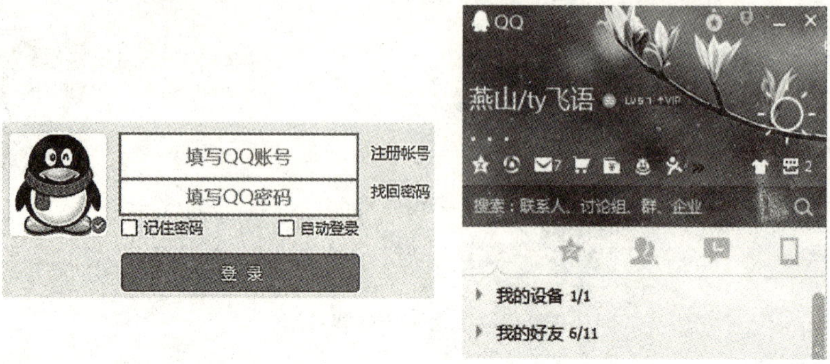

图 4－4　登录 QQ

4. 添加好友、聊天

QQ 客户端下端点击【查找】，如图 4－5 所示，弹出 QQ【查找】对话框。【查找】对话框有【找人】、【找服务】、【找群】等选项。常用的有【找人】与【找群】。

◆找人：根据 QQ 号、昵称查找 QQ 好友。

◆找群：根据 QQ 群号、群名称查找 QQ 群。

图 4－5　QQ 客户端

在“关键词”文本框中输入好友的 QQ 号码，点击【查找】，如图 4－6 所示。

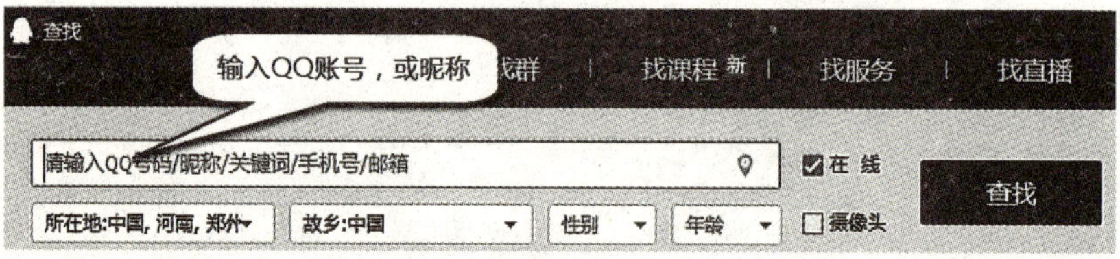

图 4－6　【查找】对话框

系统给出查询结果，点击【＋好友】添加对方为好友，如图 4－7 所示。此时，你和对方已经是 QQ 好友啦，可以开始网上聊天啦。

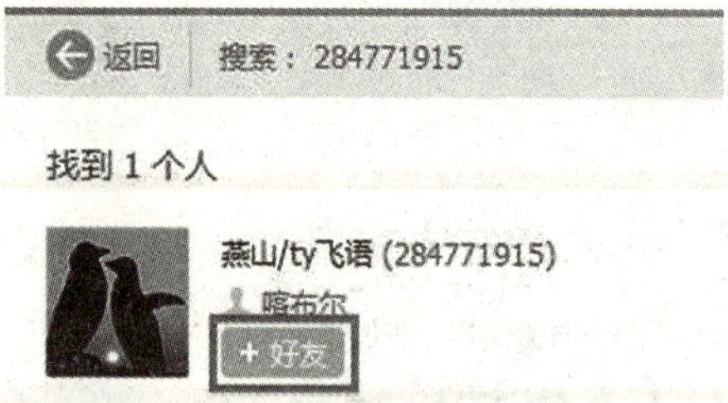

图 4－7　查找结果

首先在窗口中输入聊天内容，然后单击窗口下方的【发送】按钮，这样对方就可以看到你发送的内容，如图 4－8 所示。

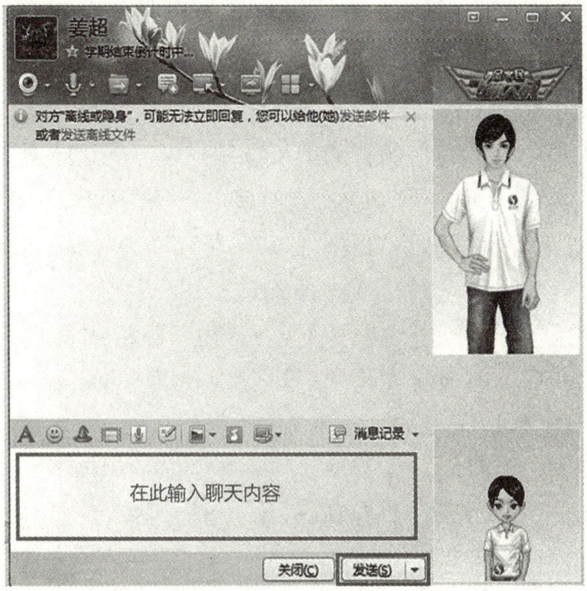

图 4－8 聊天窗口

QQ 还提供了视频聊天、语音聊天的功能，如图 4－9 所示。点击摄像头/话筒图标即可邀请好友进行视频或语音聊天，好友同意后，即可进行视频或语音通话。

图 4－9 视频与语音

【小提示】进行视频或语音通话需电脑安装有摄像头与话筒。

5. 退出 QQ

右键单击任务栏 QQ 图标，弹出 QQ 快捷菜单，点击【退出】即可退出 QQ 客户端，如图 4－10 所示。聊天结束后，切记退出 QQ 客户端。建议大家保护好自己的账号，尽可能不要将 QQ 密码泄露给其他人。

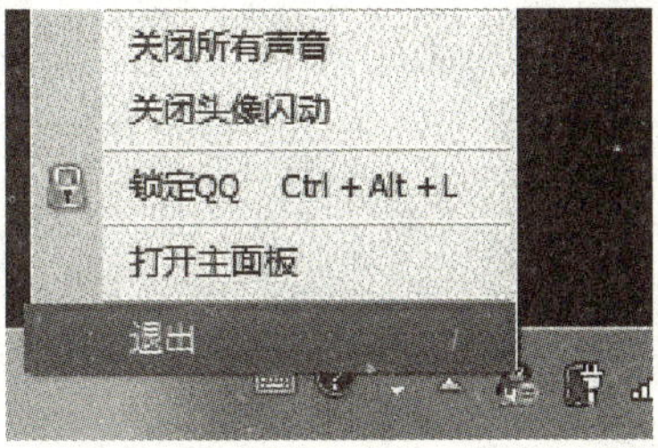

图 4－10 退出 QQ

任务二　发送电子邮件

网上联系的方法还有一个电子邮件，它取代了以前传统的纸质书信方式，如果我们在网上申请一个电子邮件，则写信的方式就可以用电子方式进行了，不用到邮局，只要打开自己的邮箱，写信就行了，还可以一次发给多个人，信中可以包含文字、相片、声音、电影等。常用的可以申请免费邮箱的网站有 126、163、21CN、sina、sohu 等。

1. 注册新邮箱

如果你以前没有电子邮箱，首先需要注册一个电子邮箱，比如网易邮箱（形式如 xxx@163. com 或 xxx@ 126. com）、雅虎邮箱（形式如：xxx@ yahoo. com. cn 或 xxx@ yahoo. cn）、腾讯 QQ 邮箱（形式如：xxx@ qq. com）等，具体注册方式根据每个运营商的具体要求而定。以下教程以网易电子邮箱（形式如 xxx@ 163. com）为例。

在电脑浏览器的地址栏输入网易的网址 mail. 163. com，然后点击电脑键盘的回车键，会出现如图 4 – 11 所示的界面。

图 4 – 11　163 邮箱

接下来用鼠标点击上图右下侧的“注册”选项，这样就进入了注册界面，如图 4 – 12 所示，按照要求，填上用户名、密码和验证码等信息。其中，红色星号的内容，是一定要填的；而没有标注红色星号在前面的，可填也可不填。注意，有可能你要使用的用户名已被别人使用了，那你可以换一个，直到提示“恭喜，该邮件地址可注册”，然后点击“立即注册”。

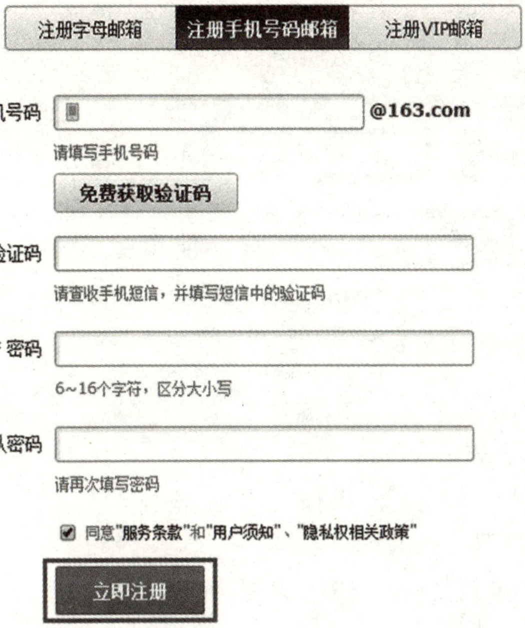

图 4-12 注册页面

正确填写你的手机号后，点击“免费获取短信验证码”，此时，你的手机将收到一个短信息，短信会包含一个验证码，将验证码填入“短信验证码”栏，再点击“马上激活”，就可激活新注册的邮箱，今后就可以使用这个新注册的电子邮箱收发邮件了，其他运营商电子邮箱的注册过程基本类似。

2. 收发邮件

进入已注册好的电子邮箱。如果收发邮件，必须先进入已注册好的邮箱（如：abcd_123678321@163.com）里，步骤如下：

【步骤 1】在 IE 浏览器的地址栏输入网易的网址 mail.163.com，点击电脑键盘的回车键，如图 4-13 所示。

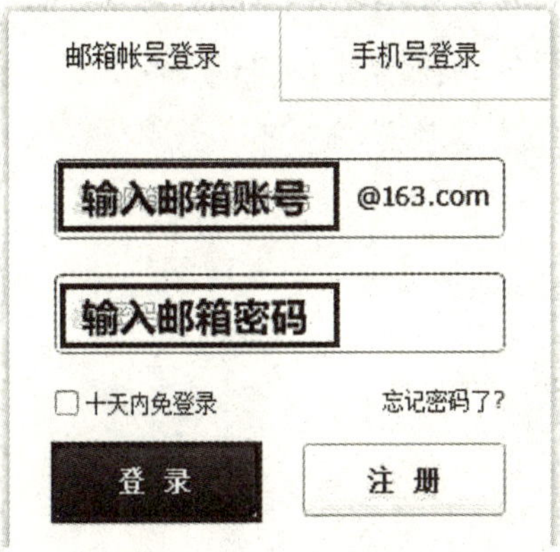

图 4-13 邮箱登录界面

【步骤2】输入邮箱账号、密码,点击“登录”进入邮箱,如图4－14所示。

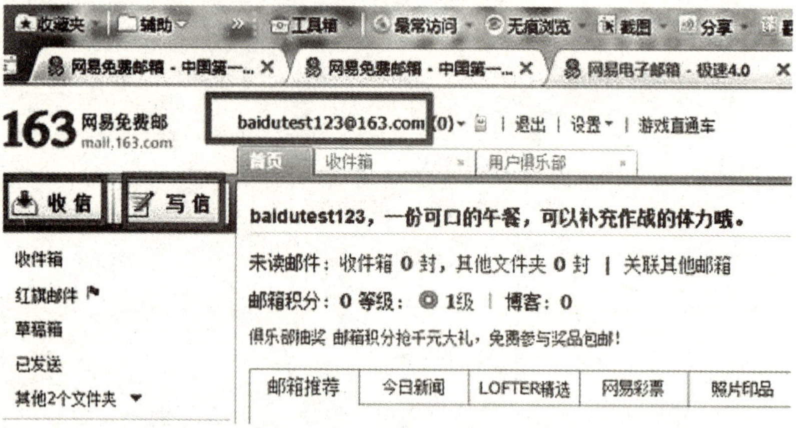

图4－14 邮箱界面

邮箱地址其实就是自己的用户名加上一个后缀名组成的。比如这里的是baidutest123@163.com,这个就是我的邮箱。要写信或者收信,点左边相应的按钮。

来发一封邮件试试,点击左边的【写信】。填上对方的邮箱,要发送邮件的标题,还有内容。邮件写好后,我们可以预览一下将要发送的邮件,点击【预览】按钮即可看到别人接之后邮件的效果,看你是否满意,如果满意就可以点击【发送】按钮发送,如图4－15所示。如果不满意,修改之后再行发送,当然如果你认为邮件内容还有待完善,可以先保存操作,等待有时间完善之后再行发送。

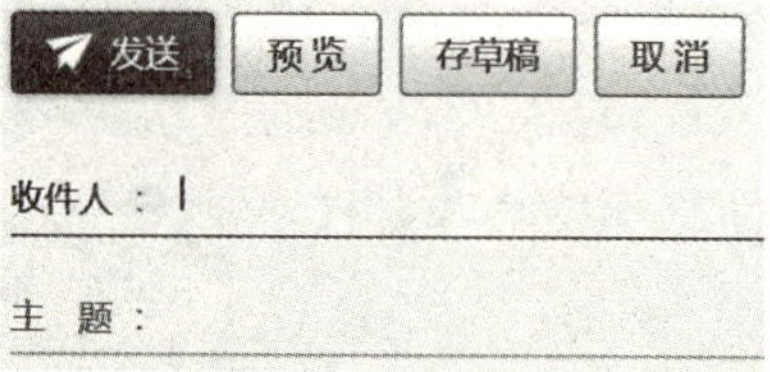

图4－15 【发送】按钮

有时候在发送邮件的时候希望传送一些资料或者文件,此时就可以点击【添加附件】,然后选中需要传送的具体内容,点击【打开】即可,如图4－16所示。不同的邮箱可添加的最大附件也不同,超过最大附件就不能发送成功。

图 4－16　发送电子邮件

查看“发送状态”是否为“成功到达对方服务器”。是的话，则邮件发送成功，对方邮箱已接收到邮件；如果不是，有可能邮件还未到达或发送失败，如图 4－17 所示。

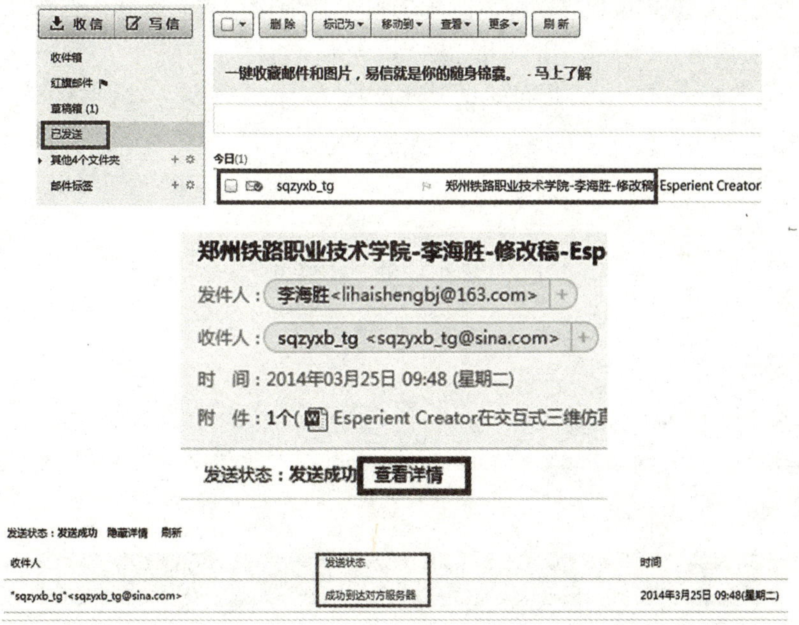

图 4－17　查看发送状态

【注意事项】

◆ 在发送电子邮件的时候如果需要添加附件的话，一定要注意附件的大小是否超出了限制，如果超出邮箱设定的限制会导致发送失败。

◆关于邮箱的使用本书只是简单地介绍了一下，邮箱中还有很多很强大的功能有待用户在使用过程中自行发掘。

◆以上就是如何发送电子邮件的全部内容，希望对有需要的朋友有所帮助。

第五章　手机、电脑发微信

【知识背景】

微信是腾讯公司于2011年初推出的一款快速发送文字和照片、支持多人语音对讲的手机聊天软件。用户可以通过手机或平板快速发送语音、视频、图片和文字。微信提供公众平台、朋友圈、消息推送等功能，用户可以通过“摇一摇”“添加朋友”“附近的人”“扫一扫”等方式添加好友和关注公众平台，同时微信将内容分享给好友以及将用户看到的精彩内容分享到微信朋友圈。

微信，是一种生活方式。超过三亿人使用的手机应用支持发送语音短信、视频、图片和文字，可以群聊，仅耗少量流量，适合大部分智能手机。

任务　什么叫微信

1. 微信的安装

微信有windowphone、android、ios、S60多个平台，不同平台，软件的安装方式不同，可以通过进入微信官方网站(http://weixin. qq. com)点击菜单中的“下载”选项选择机型进行下载，如图5-1所示。

图5-1　微信下载

另外，可以通过手机客户端访问相关市场进行下载(例如苹果用户访问手机itunes，安卓用户访问安卓市场即可搜索下载)。

2. 微信注册

打开微信，点击“注册”，点击“直接用 QQ 号登陆”，输入 QQ 账号和密码，点“登陆”就可以了，如图 5－2 所示。

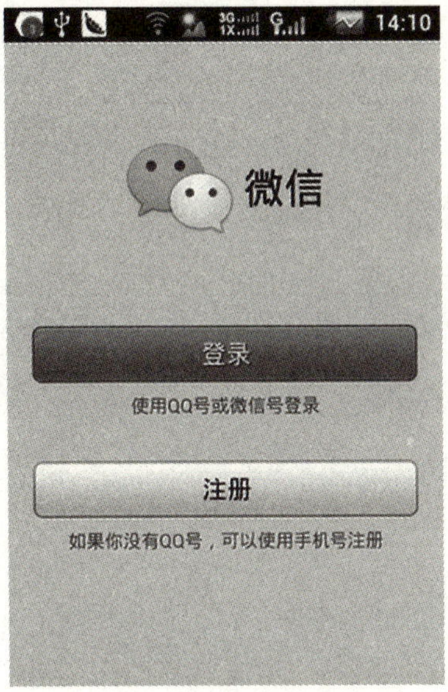

图 5－2　微信界面

【小提示】

◆推荐直接使用 QQ 登录注册，这样的话注册后微信可以共享你的 QQ 好友信息。

◆如果你没有 QQ 号的话，再推荐选择手机号注册，微信能跟手机号进行绑定。当你的手机好友或 QQ 好友有谁使用微信的话微信会在“通讯录”“新的朋友”里会向你推荐（我→设置→隐私→推荐功能打钩即可）。

◆当然，大家也可以在注册后进行 QQ 号或者手机号的绑定，也可以修改你的微信号，这个微信号是朋友用来搜索到你的号，就跟 QQ 号一样，而微信名是朋友能看到的，就跟你的 QQ 昵称一样。绑定操作：我→我的账号→按提示操作绑定即可。修改微信名：我→点击头像→名字。

3. 发微信

（1）发送文字信息

点击好友头像，显示对话窗口，输入要发送的文字信息，点击“发送”，就可以啦。发消息的时候，支持插入表情，为你增加了一种表达方式。

（2）微信对讲功能

轻轻按住说话，松开后对方就能收到你的声音，如图 5－3 所示。这是一种脱离传统打字交流的功能，极大方便了用户，也通过这种生动的交流方式拉进了人与人之间的距离。

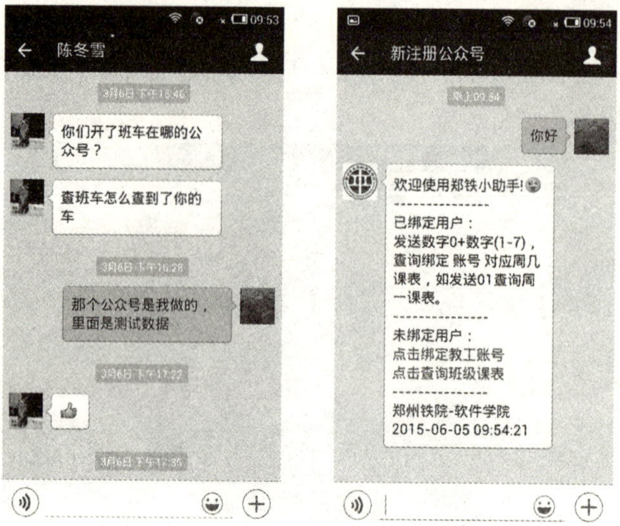

图 5－3　微信对讲

(3)微信摇一摇功能

微信摇一摇功能带有一定的趣味性，是陌生人互相认识交友的利器，如图 5－4 所示。用户通过摇动手机，来搜寻同一时间世界各地在摇动手机的人，互相推送，根据个人选择将对方加为好友。

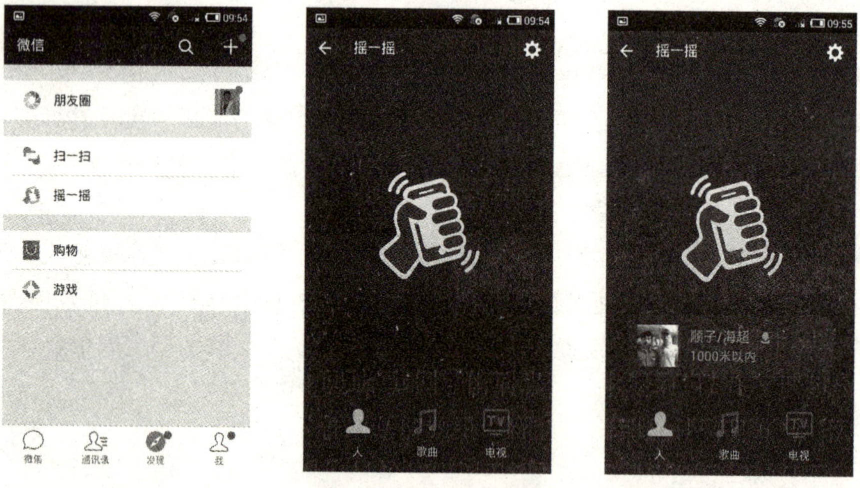

图 5－4　微信摇一摇

(4)微信朋友圈功能

该功能支持把照片分享到朋友圈，好友之间可以对照片“评论”和“赞”；支持图片、视频的转发；支持对微信朋友发送用户当前的地理位置等，微信朋友圈可以长按右上角的照相功能发布纯文字状态，如图 5－5 所示。

09:56
朋友圈
燕山飞语
照片
小视频
09:57
发送
哈哈！
所在位置
谁可以看
公开
提醒谁看
09:57
朋友圈
燕山飞语
燕山飞语
哈哈！
1分钟前 删除
张新红 分享了一个链接
谁为我们的健康买单？

图5－5　微信朋友圈

第六章　存储设备的使用

【知识背景】

存储设备是用于储存信息的设备，通常是将信息数字化后再以利用电、磁或光学等方式的媒体加以存储。目前常见的存储设备如图 6－1 所示。

◆利用电能方式存储信息的设备，如各式存储器。

◆利用磁能方式存储信息的设备，如硬盘、U 盘。

◆利用光学方式存储信息的设备，如 CD、DVD。

◆专用存储系统：用于数据备份或容灾的专用信息系统，利用高速网络进行大数据量存储信息的设备。

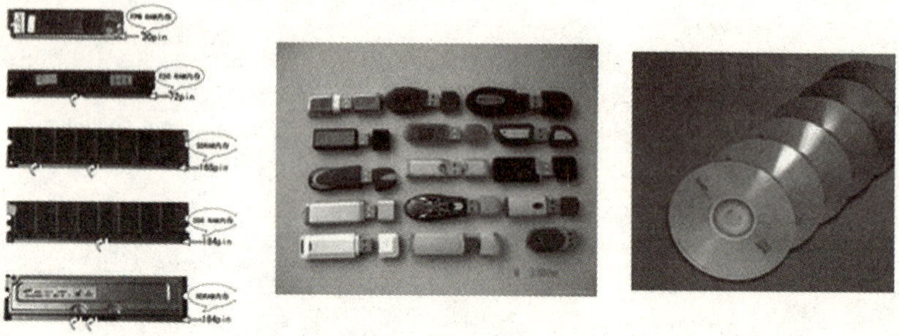

a. 内存条　　b. U 盘　　c. 光盘

图 6－1　常见存储设备

电脑主机的存储设备主要有 RAM（随机存储器）、ROM（只读存储器）与硬盘，这些都被封装在主机里面，为我们服务。我们便携存放文件的存储设备是移动硬盘与 U 盘，下面简要为大家介绍这两种存储设备。

任务一　认识常见的存储设备

1. 移动硬盘

移动硬盘（Mobile Hard Disk）顾名思义是以硬盘为存储介质，计算机之间交换大容量数据，强调便携性的存储产品，如图 6－2 所示。市场上绝大多数的移动硬盘都是以标准硬盘为基础的，而只有很少部分的是以微型硬盘（1.8 英寸硬盘等），但价格因素决定着主流移动硬盘还是以标准笔记本硬盘为基础。因为采用硬盘为存储介制，因此移动硬盘在数据的读写模式与标准 IDE（电子集成驱动器）硬盘是相同的。移动硬盘多采用 USB、IEEE1394 等传输速度较快的接口，可以以较高的速度与系统进行数据传输。

图 6－2　移动硬盘

另外普通的电脑硬盘通过硬盘盒或其他转换接口设备，也能做到移动硬盘的效果。通常采用 USB 接口与计算机连接，现也有以 eSATA 或 USB 3.0 接口与计算机接入的。

与闪存盘以 Flash Memory（闪存）作为存储介质不同，移动硬盘物理上还是以标准硬盘或微硬盘作为存储介质。因此，移动硬盘的抗震能力不如闪存盘，但所能提供的容量较闪存盘大。移动硬盘所需要电量比闪存盘大，有的时候，特别是使用前置式 USB 集线器的时候，一个 USB 接口不能够提供充足的电量，则需要使用两个 USB 接口为其供电。正因为此，许多移动硬盘产品使用的是一根三个分支的数据线，其中一个分支用于供电不足时补充供电，现也有一些使用低耗笔记本硬盘的移动硬盘，由于耗电要求而不再需要带辅助供电的三叉 USB 线。对于使用台式机硬盘接入硬盘盒或转换线的移动硬盘，由于台式机硬盘所使用的电压和电流较笔记本硬盘高，所以全需要外置电源。另有一种 WIFI（无线宽带）/Blue tooth（蓝牙）无线网络硬盘，此类移动硬盘无需连线即可和个人电脑交换数据。

2. U 盘

U 盘，全称“USB 接口移动硬盘”，英文名“USB removable（mobile）hard disk”，如图 6－3所示。U 盘的称呼最早来源于朗科公司生产的一种新型存储设备，名曰“优盘”，也叫“移动硬盘”，使用 USB 接口进行连接。USB 接口连到电脑的主机后，U 盘的资料就可放到电脑上了。电脑上的数据也可以放到 U 盘上，很方便。而之后生产的类似技术的设备由于朗科已进行专利注册，而不能再称之为“优盘”，而改称谐音的“U 盘”或形象地称之为“闪存”“闪盘”等。后来 U 盘这个称呼因其简单易记而广为人知，而直到现在这两者也已经通用，并对它们不再做区分。其最大的特点是：小巧便于携带、存储容量大、价格便宜，是移动存储设备之一。U 盘刚问世时，存储容量在目前看来并不大，而且价格也相当昂贵，但随着技术的革新和普及，U 盘的容量和价格很快就发生了翻天覆地的变化，以 4G 为例，U 盘容量有了很大程度的提高，如目前，U 盘容量一般有 1G、2G、4G、8G，16G 等。它携带方便，属移动存储设备，所以当然不是插在机箱里了，我们可以把它挂在胸前、吊在钥匙串上，甚至放进钱包里。

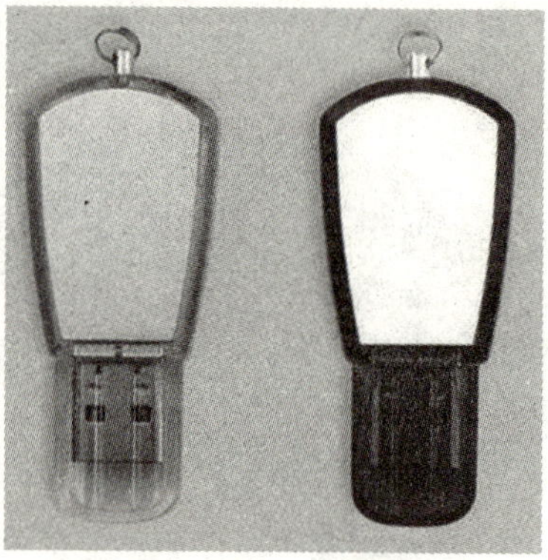

图 6－3　U 盘

任务二　将文件保存在 U 盘中

将 U 盘插到电脑上——长方形里面带“舌头”的 USB 接口，看准舌头在上还是在下，对应插入 U 盘，如图 6－4 所示。

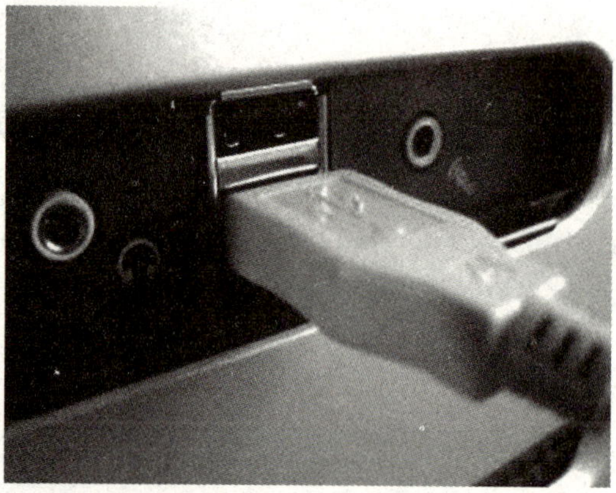

图 6－4　USB 接口

看电脑有没识别 U 盘——屏幕右下角有提示接入硬件，在“我的电脑”里看到多了个磁盘分区，若没有，可能是 U 盘有问题。

在“我的电脑”里看到 U 盘的盘符就尝试双击打开它，如果能打开且里面有足够空间就可以到别的地方复制文件，然后到 U 盘里粘贴，数据传输完就可以了。

建议不要贪快用剪切，尽量用复制，避免写入失败或中断而引起数据丢失，数据复制到U盘后就右击屏幕右下角的那个"长方形设备上有个斜向下的绿色箭头"的图标，安全删除，提示已安全删除硬件后可以拔出U盘，同样可以不删除硬件，关机后拔出。

U盘只适合暂时存放数据，若是重要数据必须在电脑或其他存储设备中有备份，要不然是很没保障的。

【小提示】U盘插入时注意方向，遇到无法插入的情况，千万不要用力，换个方向就可以解决问题。并且在拔下后也不要马上接着就插入，等待5秒左右再插入。现在很多U盘上都有LED(发光二极管)的指示灯，指示灯的明暗、闪烁等都反映了U盘不同的状态。一般来说，指示灯只要是亮的时候都不能拔下U盘，这说明U盘正在工作，强行拔出会造成U盘损坏。

读写开关的选择，U盘上一般都有读写开关，切换该开关可以控制U盘的只读和读写。不少用户在使用该开关时，直接在使用时进行切换，这是不正确的。这样不仅不能使设置生效，并且还有可能损害U盘。正确的方法是，先拔下U盘，接着进行状态的切换，然后再插入U盘，这样才能正常使用。同样，有的U盘上还有其他的切换开关，也要遵循以上的步骤进行操作。

第七章　计算机安全

【知识背景】

来自病毒、自然灾害、电源中断、黑客恶意攻击以及许多其他的风险因素威胁着计算机的使用安全。当我们的日常工作、生活离不开计算机的时候,计算机正常、有效地运行恰恰是我们生活的保证。如何保证计算机的安全,正逐步进入我们的视野。

任务一　计算机安全基本知识

1. 计算机使用环境

◆环境温度:15 ~35℃。

◆环境湿度:20% ~80%。

◆洁净要求:机房的清洁。

◆电源要求:电压要稳定,不间断电源(UPS)。

◆防止干扰:避免强电磁干扰。

2. 如何让“我的电脑”更快捷

◆卸载不常用的软件。

◆系统盘留存足够空间。

◆定制开机启动项。

◆管理 Windows 服务。

◆定期查杀毒。

◆多用任务管理器。

3. 计算机的网络安全

(1)什么是“黑客”

通过计算机网络非法进入他人计算机系统的入侵者或入侵行为为黑客破坏活动内容:截取重要信息(利用“木马”程序)、改动信息、获取巨额资金、攻击网络服务器等。

(2)防范黑客

◆防火墙技术(参见图7-1)。

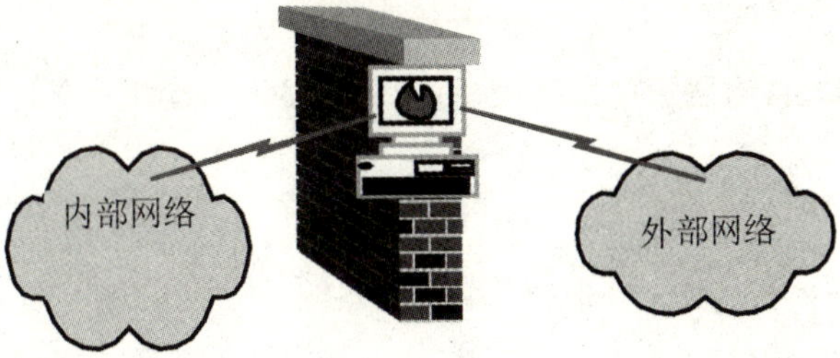

图7-1 防火墙

◆访问控制技术。

◆数据加密技术。

◆重要系统要实行物理隔离。

4. 计算机病毒的判断和防治

(1)计算机病毒

计算机病毒主要通过可移动磁盘、光盘、计算机网络(Internet和内部网)、电子邮件等多种方式传播。

计算机感染病毒后的现象:

◆不能正常启动。

◆经常出现"死机"现象。

◆自动运行某些程序。

◆系统运行速度变慢。

◆有特殊文件自动生成。

◆文件莫名其妙丢失。

◆文件大小和内容有所改变。

◆外部设备工作异常,如屏幕出现一些杂乱无章的内容。

(2)预防病毒的措施

防范计算机病毒以预防为主,具体措施有:

◆尽量不要让带有不明病毒的U盘到自己的计算机上使用。

◆对于交换的软件和数据文件,要先检测,确认无病毒时方可使用。

◆对重要文件,要经常进行备份。

◆对执行重要工作的机器,要专机专用、专盘专用。

◆不要轻易打开或下载来历不明的文件或邮件。

◆定期做全盘的病毒查杀。

◆下载、接收文档,先查毒。

◆插入移动设备:查毒+右键打开。

(3)病毒的检测和清除预防

如果发现了计算机病毒,通常的方法是采用反病毒软件将其消除,并定期更新升级反病毒软件。

常用的反病毒软件有腾讯电脑管家、百度卫士、360安全卫士等。

任务二　防辐射妙招

第一招:在电脑旁放上几盆仙人掌,可以有效地吸收辐射。

第二招:对于生活紧张而忙碌的人们来说,抵御电脑辐射最简单的办法就是在每天上午喝2~3杯绿茶,吃一个橘子。茶叶中含有丰富的维生素A原,它被人体吸收后,能迅速转化为维生素A。维生素A不但能合成视紫红质,还能使眼睛在暗光下看东西更清楚,因此,绿茶不但能消除电脑辐射的危害,还能保护和提高视力。如果不习惯喝绿茶,菊花茶同样也能起着抵抗电脑辐射和调节身体功能的作用,螺旋藻、沙棘油也具有抗辐射的作用。

第三招:上网前先做好护肤隔离,可以有效防止污染环境的侵害和辐射;其次使用电脑后,脸上会吸附不少电磁辐射的颗粒,要及时用清水洗脸,这样将使所受辐射减轻70%以上。

第四招:操作电脑时最好在显示屏上安一块电脑专用滤色板,以减轻辐射的危害,室内不要放置闲杂金属物品,以免形成电磁波的再次辐射。使用电脑时,要调整好屏幕的亮度,一般来说,屏幕亮度越大,电磁辐射越强,反之就越小。

第五招:应尽可能购买新款的电脑,一般不要使用旧电脑,旧电脑的辐射在同距离、同类机型的条件下,一般是新电脑的1~2倍。

第六招:电脑摆放位置很重要。尽量别让屏幕的背面朝着有人的地方,因为电脑辐射最强的是背面,其次为左右两侧,屏幕的正面反而辐射最弱。以能看清楚字为准,调至50~75厘米的距离,这样摆放可以减少电磁辐射的伤害。

第七招:注意室内通风。科学研究证实,电脑的荧屏能产生一种叫溴化二苯并呋喃的致癌物质。所以,放置电脑的房间最好能安装换气扇,倘若没有,上网时尤其要注意通风。

第八招:注意酌情多吃一些胡萝卜、豆芽、西红柿、瘦肉、动物肝等富含维生素A、维生素C和蛋白质的食物,经常喝些绿茶等。

第九招:经常在电脑前工作的人常会觉得眼睛干涩、疼痛,所以,在电脑桌上放几支香蕉很有必要,香蕉中的钾可帮助人体排出多余的盐分,让身体达到钾钠平衡,缓解眼睛的不适症状。

第十招:避免长时间连续操作电脑,注意中间休息。

第八章　ATM 的使用

【知识背景】

ATM(Automated Tellermachine)(自动取款机)在我们的日常生活中扮演着越来越重要的角色。我们不必等到银行柜台上班就可办理存取款、转账等日常业务。特别是在银行业务高峰期,省去了我们排队等待之苦。使用 ATM 一旦出现问题,就很可能给我们的财产带来巨大的风险。为了避免这种情况的发生,系统学习 ATM 的知识是非常有必要的。

任务一　ATM 的基本操作

ATM,如图 8-1 所示,可提取现金、查询存款余额、进行账户之间资金划拨、余额查询等工作;还可以进行现金存款(实时入账)、支票存款(国内无)、存折补登、中间业务等工作。

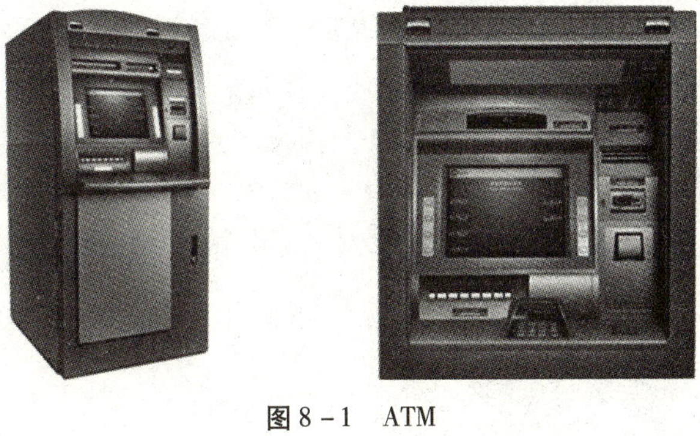

图 8-1　ATM

1. ATM 自助取款

【步骤 1】将银行卡的磁条向下、有磁条的一边向右插入 ATM,如图 8-2 所示。

图 8-2　银行卡插入 ATM

【步骤 2】如果屏幕上有一些提示的文字要按一下【确认】才可以，那个【确认】键在屏幕提示的对应处。

【步骤 3】输入卡密码，输入之后有的可以直接进入取款画面，有的还需要按确认键。

【步骤 4】你在屏幕上可以看到【查询】、【取款】、【转账】、【退卡】等选择相对应的按键，就是屏幕两边的 8 个按键，不要着急，看清了再按选项旁边对应的键。

【步骤 5】按下【取款】之后要输入你取款的金额，如果屏幕上有便捷提示，比如 500 元、1 000 元、2 000 元等，如果没有你想要取得的金额可以选择【其他】，输入取款金额后确定即可。取款后选择是否打印凭条，如果给自己取钱可以不选择，如果给别人取款一定要打印凭条作为凭证。如果一次取款的金额不能达到你的数目，可以选择继续取款，如果不取了，直接选择【取卡】即可。

如果没有，你再找一个【其他金额】按下之后就可以自由输入自己想取的金额，输入金额之后按【确认】，一次最多只能取款 2 500 元，每天最多取款 20 000 元。

【步骤 6】眼睛一定要盯着【出钞口】，出钞后应尽快取钞，取款时一定要清点，发现有可疑的纸币就把纸币冠字编号对准 ATM 的摄像头多停留几秒。

【步骤 7】取款之后可以再取款，也可以查询余额。

【步骤 8】如果不想继续进行操作，就按屏幕上提示的【退卡】退出卡片。

2. 余额查询功能（跨行不收取费用）

任意银行的 ATM 都可以进行这项操作，将卡按照卡上箭头的方向插入自动取款机中，输入密码——选择查询余额——显示余额后取卡即可。

3. 转账功能（跨行收取手续费）（图 8-3）

各个银行的转账方法：插卡——输入卡密码——选择转账交易——输入卡密码——输入转入卡卡号——输入转账金额——显示转入卡号、转入户名、转入金额并要求确认——交易完成显示交易金额和手续费并提示是否显示余额——询问是否打印交易凭条。

图 8－3　转账

4. 修改密码功能

我们可以通过自动取款机进行密码的修改。插卡——输入卡密码——选择改密交易——输入新密码(2 次)。修改成功后取卡,完成操作。

5. 存取款机的存款功能

(1)有卡存款功能

插入银行卡——输入密码——存款——放入钞票(以一百为单位)。放入后等待验钞,退回的钱整理平整再次放入即可,如图 8－4 所示。

图 8－4　放入钞票

(2)无卡存款功能

在开始时选择无卡存款——输入银行卡号——放入钱(一定要放平整)——确定户名和账号——确定——如果有手续费会显示手续费,如果没有手续费就显示是否继续或取卡。

6. 常见的 ATM 取款骗术

一是犯罪分子在 ATM 的出钞口设置障碍,或者在读卡部分设置装置,这样当持卡人进行插卡、输入密码等正确操作后,钱就会被障碍物挡住而无法“吐出”,如果持卡人此时离开,躲在暗处的犯罪分子便会很快将现金取走。

二是犯罪分子在 ATM 上端放置摄像仪器,以窃取持卡人的卡号和密码,然后制造假卡,通过电话或网上银行大规模划款。

三是犯罪分子先用假身份证办一张真的银行卡,然后在网上银行测试前后连续卡号,在规定时间内破译其密码,然后制造假卡,通过网络进行转账划款。

对于以上犯罪案例,持卡人一定要仔细鉴别,发现异常后应及时通知发卡银行。

7. ATM 使用注意事项

◆当申请到银行卡时,一定要在卡的后面签上姓名,以防被别人冒领存款。

◆要严格按 ATM 的电脑屏幕提示进行操作。不要轻信 ATM 旁张贴的所谓“告示”或“通知”。必要时可拨打银行服务电话或向营业厅求助,银行服务电话,如表 8 - 1 所示。

表 8 - 1　银行服务电话

银行	电话号码
招商银行	95555
中国银行	95566
建设银行	95533
工商银行	95588
中信银行	95558
农业银行	95599
民生银行	95568
光大银行	95595
交通银行	95559
广发银行	95508
浦发银行	95528
深发银行	95501
华夏银行	95577
兴业银行	95561

◆不要深夜去 ATM 取款,最好在白天,晚上 9 点前办理 ATM 存取款。输入密码时,要严密遮挡密码键盘,防止他人偷窥。

◆要妥善保管好银行卡密码。任何情况下都不要将自己的密码泄露给他人,即使对方宣称自己是银行工作人员。

◆要谨防“热心人帮助”,不要轻易相信陌生人。不法分子往往会一边冒充“好心人”,帮助持卡人操作 ATM,一边偷窥密码或乱按键盘造成 ATM 吞卡假象,伺机盗取密码或银行卡。

◆当机器吐出卡和现金后,应及时将其取出,以防停留时间过长而被机器自动吞回。

◆要弄清 ATM 吞卡原因,不要急于离开。一般来说,ATM 正常吞卡是因为:持卡人在 ATM 上操作完毕后 30 秒内没有把卡取回;密码错误超过 3 次(含 3 次);操作失误或机器故障也可能造成吞卡。ATM 正常吞卡,机器会吐出吞卡凭条,屏幕也会有吞卡提示,持卡人可持凭条到管理行领卡。

◆选择打印 ATM 交易单据后,不要随手丢弃,应妥善保管或及时处理、销毁单据;避免泄露银行卡卡号和有效期等关键信息。

◆当 ATM 取不出钱时,宁愿多走几步路,更换别处的 ATM 取款,切不可在该 ATM 上多次试卡。

◆歹徒通常在银行下班后作案,因此在银行下班后使用 ATM 时,应格外警惕,可先观察周围的情况,如果发现有人尾随、偷窥,应尽快离开。

◆如必须在夜间使用 ATM 取款,应找人陪伴,提取大量现金后最好尽快乘车离开。

◆操作 ATM 时要注意周围的情况,如有人以各种理由靠近机器或上前搭话,应要求其与自己保持一定的距离。

◆若操作中受到干扰,储户在完成所有操作后,要仔细核对取回的银行卡和交易清单,确认没有人调包才可离开。如果遇到骗抢,应及时拨打 110 报警。

任务二　ATM 吞卡怎么办?

在银行 ATM 上存取现金或办理其他业务的时候,因操作不当以及其他原因,很可能会造成 ATM 吞卡。如果这时银行网点不营业,需要怎样处理呢?

1. ATM 吞卡的原因

因操作不当、多次输错密码、超过操作倒计时等,都会出现 ATM 吞卡现象(图 8－5),这时 ATM 暂时保管被吞银行卡,这也是对银行卡所有人的保护。

图 8－5　ATM 吞卡

2. 查看现场

如遇到 ATM 吞卡,不要慌,留在原地,等待一会儿,看 ATM 是否有吞卡凭条吐出,如果有,要保管好吞卡凭条。如果存款或取款进行了一半,担心卡内资金数额不对,或有其他担心,可以拨打 ATM 屏幕上的银行客服电话进行咨询。

3. 及时去银行网点取卡

三日内携带本人身份证和吞卡凭条(也可能没有),去 ATM 所属银行网点办理领卡手续。记住越快越好,如果逾期没人领取,银行网点会把银行卡送交总行,总行可能会做剪卡处理。

4. 事后处理

为了账户安全,领回银行卡后有必要更改银行卡密码。以后操作 ATM 时多加注意,就不会出现 ATM 吞卡的情况了。

第九章　网上购买火车票

【知识背景】

节前买张回家的火车票真不容易，很多朋友可能只听说过火车票网上订票官网，却不知道如何在火车票网上订票官网订票，认为是件很麻烦的事件，其实操作过程并不复杂，比去排队买票轻松多了，还有就是网上可以提前2个月预订到票，早买票源更充足。花几分钟轻松学会订票，下面为大家图解火车票网上订票官网订票流程。

任务一　网上买票，就到12306

首先输入中国铁路客户服务中心网址 www.12306.cn 进入网页，在网页中间“最新动态”下面，有一个红字标注的“根证书”字样，需要点击并下载安装；再在网页左边会看到“购票”一栏，点击进入网页后，就可查询剩余车票情况。如果想网上订票，必须先注册。在网页右上方，有“注册”“登录”两个链接，首次登录的用户需填写真实姓名、身份证号码、手机信息等，注册成功后需将用户名通过邮箱激活，然后重新登录才可进行网上订票业务。提醒：点击“购票”链接后，网页有时会出现空白情况，刷新或重新打开网页即可。以下是网购火车票的详细方法/步骤，如图9－1所示。

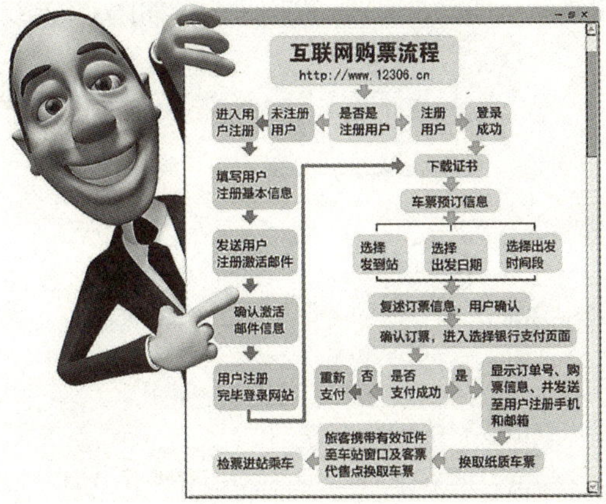

图9－1　网购火车票步骤

1. 打开 12306,12306 是网购火车票唯一官网

图 9－2　打开 12306 官网

订票时要用网上银行,为保障顺畅购票,就要先下载安装“根证书”,点击“根证书”下载安装即可,如图 9－3 所示。

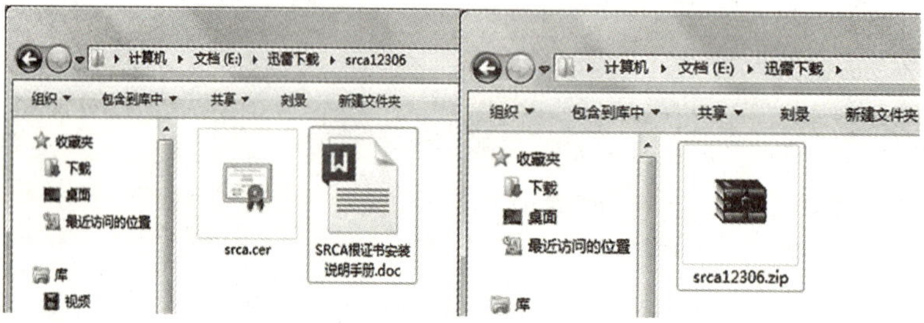

图 9－3　证书安装文件

下载得到证书压缩文件,解压缩得到证书安装文件,双击“srca. cer”安装证书。

2. 登录

如果已有已激活的 12306 账号,则可凭“用户名”“密码”“验证码”直接登录网站。未注册用户,则点击网页左侧“网上购票用户注册”菜单,弹出注册页面后,填写自己的信息。填写完成后点击“同意协议并注册”按钮提交,如图 9－4 所示。

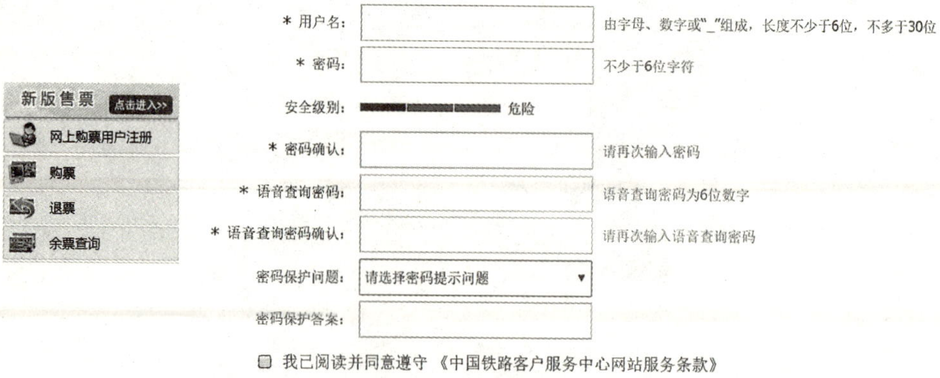

图 9－4　注册窗口

根据系统流程注册账号并激活。完成注册后，即可登录和预订车票，如图 9－5 所示。

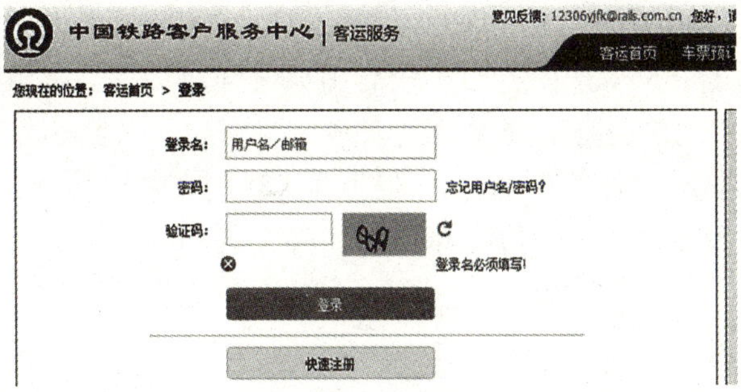

图 9－5　登录窗口

3. 添加常用联系人

点击“账号名称”进入我的 12306，常用信息栏“常用联系人”内可以添加常用联系人，如图 9－6 所示。在购票时，可直接选取购票人，方便购票，加快购票速度。请将你的朋友添加为常用联系人（乘车人），准确输入其姓名、有效身份证件、号码，网站提示其身份信息核验状态为“已通过”“预通过”“请报验”的，即可购票。

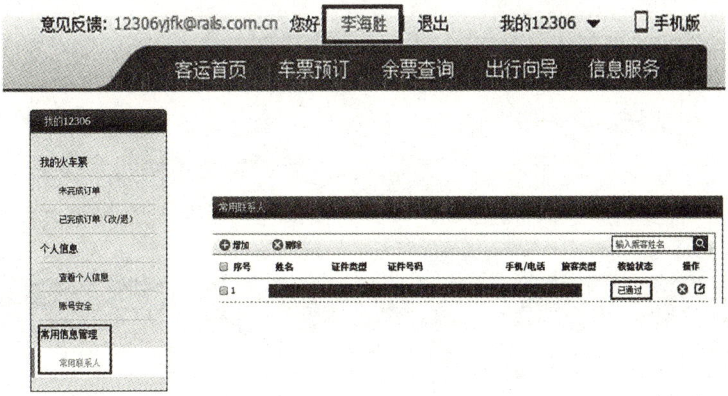

图 9－6　添加常用联系人

注意：“未通过”和“待核验”注册用户和常用联系人（乘车人）不可购票。

为了进一步完善铁路实名制购票工作，自 2014 年 3 月 1 日起，中国铁路客户服务中心网站 http://www.12306.cn 将对互联网注册用户和常用联系人（乘车人）进行身份信息核验。

注册用户可在“我的 12306”中“查看个人信息”“常用联系人”中分别查看注册用户、常用联系人（乘车人）的身份信息核验状态（以下简称状态）。

状态种类及含义：

◆【已通过】：指注册用户、常用联系人（乘车人）的身份信息已经通过核验，其中姓名、证件类型和证件号码三项身份信息不可修改。

◆【待核验】：指注册用户、常用联系人（乘车人）的身份信息未经核验，需持二代居民身份证原件到车站售票窗口或铁路客票代售点办理核验。遇有姓名超长、生僻字、繁体字等情形的，仅可在车站售票窗口办理，注册用户还要提供手机号后 4 位或注册邮箱前 3 位，常用联系人（乘车人）还要提供注册用户注册时填写的身份证件号码。

◆【未通过】：指注册用户、常用联系人（乘车人）的身份信息经过核验但未通过，需修改本网站所填写的身份信息内容与二代居民身份证原件完全一致，保存后状态显示“待核验”时，需持二代居民身份证原件到车站售票窗口或铁路客票代售点办理核验。遇有姓名超长、生僻字、繁体字等情形的，仅可在车站售票窗口办理，注册用户还要提供手机号后 4 位或注册邮箱前 3 位，常用联系人（乘车人）还要提供注册用户注册时填写的身份证件号码。

4. 车票查询

账号登录后，点击页面右上方的“车票预订”后会出现“车票查询”项，如图 9 - 7 所示。

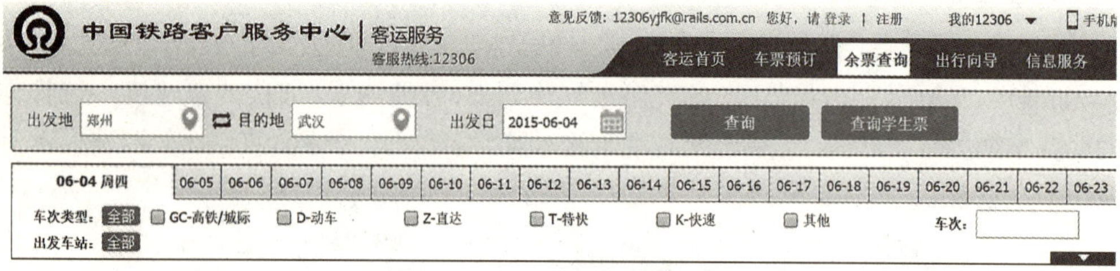

图 9 - 7　车票查询

在红框区域选择购票类型：出发地、目的地、出发日期，车票类型（学生票，普通票，学生票仅限学生持学生证原件购买）就可以找到所有符合条件的车次了，如图 9 - 8 所示。选择满足自己要求的车次（发车时间、座位），点击【预订】，弹出乘客信息窗口。

郑州 --> 武汉（6月5日 周五）共计46个车次　　显示全部可预订车次

车次	出发站 到达站	出发时间 到达时间	历时	商务座	特等座	一等座	二等座	高级软卧	软卧	硬卧	软座	硬座	无座	其他	备注
G425	郑州东 武汉	07:48 10:10	02:22 当日到达	5	--	19	有	--	--	--	--	--	--	--	预订
G93	郑州 武汉	07:52 09:55	02:03 当日到达	7	--	11	有	--	--	--	--	--	--	--	预订
G541	郑州东 武汉	08:25 10:33	02:08 当日到达	3	--	6	有	--	--	--	--	--	--	--	预订

图 9 - 8　符合条件车次

5. 填写乘客信息

填写乘客信息务必真实、准确。填写好联系人信息之后“提交订单”，如图 9 - 9 所

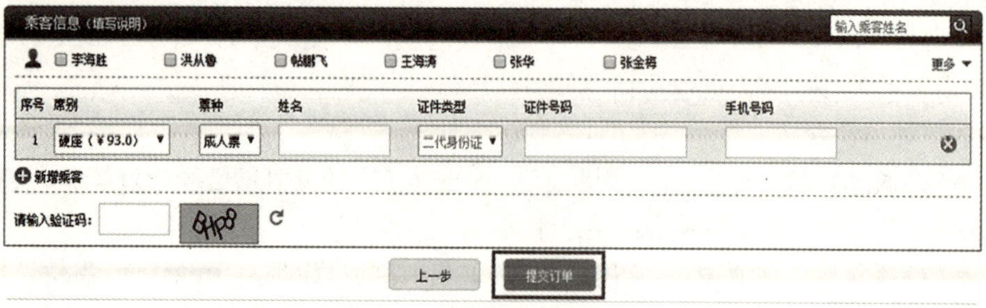

图 9 - 9　填写乘客信息

示。买票前先把联系人信息全部填好，添加到“常用联系人”，直接选取购票人，可以加快买票的速度。

在 12306. cn 网站注册、购票时，请认真核对姓名、身份证号码等有关身份信息。如发现乘车人身份信息错误，只能在 12306. cn 网站退票，并按规定收取退票费。

【小提示】在 12306. cn 网站可以购买学生票，如果是学生，请在“个人资料”中修改并完善你的学生信息。如果代他人（学生）代购，请你先把要买的学生信息加入到你的“常用联系人”中。购买学生票需学生的身份证信息。在火车站购票窗口取票时，需出示学生证原件。学生票只在每年的寒假、暑假期间(6 月 1 日至 9 月 30 日，12 月 1 日至翌年 3 月 31 日）可以购买。

6. 核对信息，提交订单

点击“提交订单”系统弹出核对窗口，如图 9－10 所示。信息核对无误则“确认”提交订单。若信息填写错误，则“返回修改”。

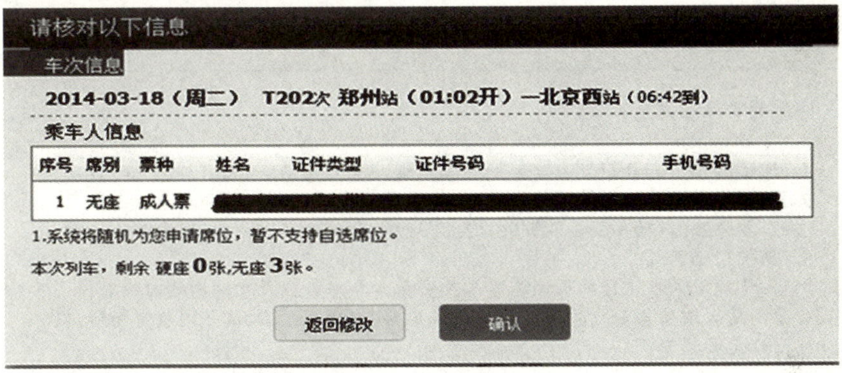

图 9－10　核对信息

提交订单成功，显示“订单信息”窗口，点击“网上支付”跳到支付页面，如图 9－11 所示。在 12306. cn 网站预定到车票后，请务必在页面提示的时间内，使用 12306. cn 网站支持的支付方式支付票款，否则将取消预定的车票。

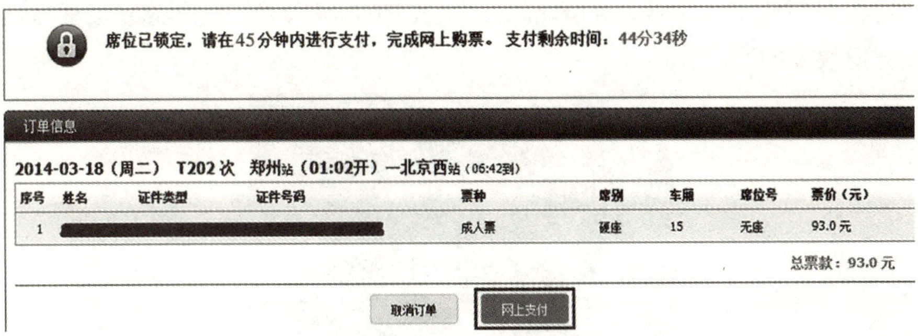

图 9－11　网上支付

7. 网上支付

支付前，认真核对“应付金额”。选择已经开通好的网上银行，如图 9－12 所示，如果是已经签约的卡，选“中国银联”。点击你开通网上支付的银行，界面跳转至网上银行支付窗口，如图9－13所示。填写网上银行支付类型、账号、验证码，按照银行网上支付流程支付火车票费用。

图9－12 选择支付方式

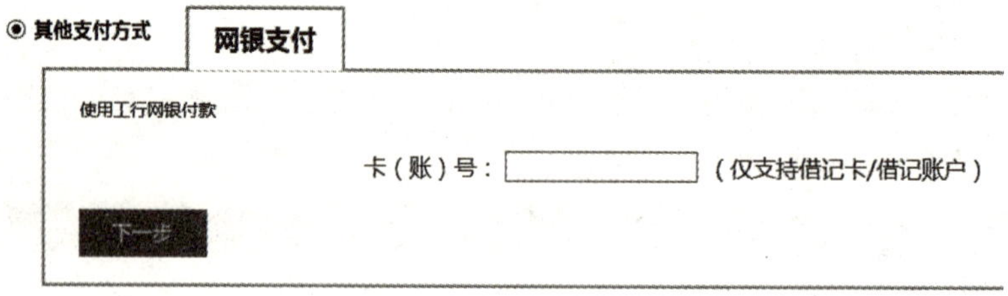

尊敬的李海胜先生：

您好！

您于2015年03月27日在中国铁路客户服务中心网站（www.12306.cn）成功购买了1张车票，票款共计12.50元，订单号码E972314337。所购车票信息如下：

1.李海胜，2015年03月28日06:51开，郑州－开封，K16次列车，15车065号，硬座，票价12.50元。

为了确保列车运行秩序和旅客人身安全，车站将在开车时间之前提前停止检票，请合理安排出行时间，提前到乘车站办理安检、验证并到指定场所 候车，以免耽误乘车。

图9－13 网银支付

恭喜你，订票成功，一定要把订单号记下来，另外要及时去取票。

8.换取纸质车票

网络订票可通过车站自动售票机或铁路客票代售点换取纸质车票（参见图9－14）。注意：只能使用二代居民身份证原件（参见图9－15）换取。车站自动售票机则是目前最方便快捷的取票方式。

图9－14 换取纸质车票

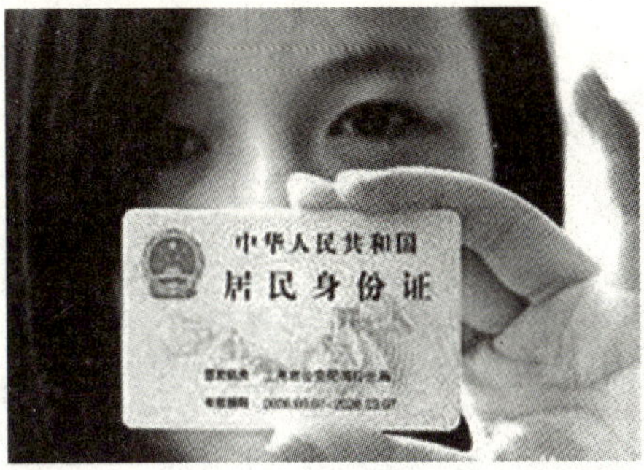

图 9－15　二代身份证

纸质车票必须保管好以防丢失，特别是拥挤时期。购买车票列车的始发站、经停站、终到站（包含同城车站）以及所在地的代售点均可办理互联网售票换票业务。

【方法一】车站自动换票机。

将身份证直接放在火车站取票机的身份证感应区，机器即会自动识别身份证信息，然后在屏幕上显示你在 12306 订购的过车票信息，点击“出票”即可。这是目前比较常用的一种网上购票的取票方式，它的优点是快捷方便、易操作。建议使用这种方法取票。打印车票后，注意取走你的居民身份证。（参见图 9－16）

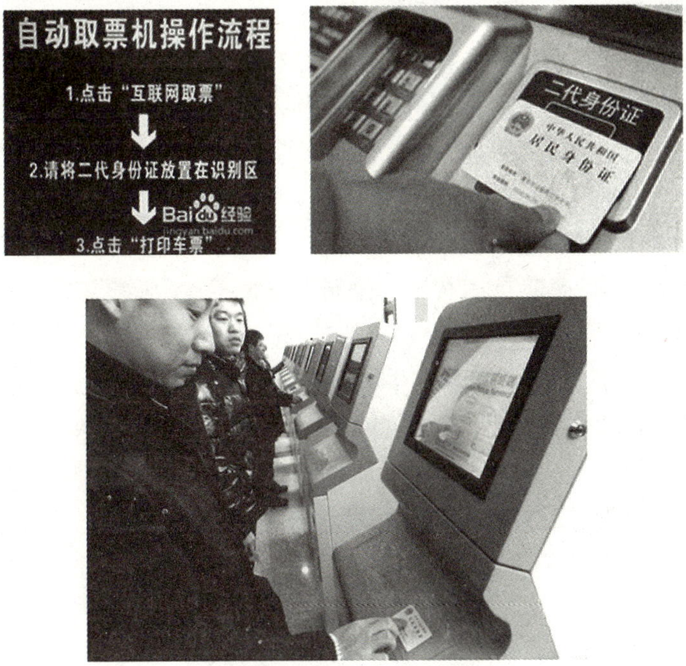

图 9－16　换取纸质车票流程

【方法二】车站售票窗口/铁路客票代售点。

有的车站，没有设置自动换票机。这个时候，就去火车站专门的互联网换票窗口取票。代售点也可以换票，收取 5 元钱手续费。春运期间，排队换票的人也多，建议提早买票、早换票。（图 9－17）

图 9－17　换票成功

【小提示】春运期间，建议提前半小时登入网站，进行网上购票。

任务二　手机购买火车票

12306 火车票网上购票想必大家都很熟悉了，网络的兴起给人们购买火车票带来了极大的方便。但是肯定也会遇到这样的问题：人不在电脑旁，无法使用网络来购买火车票，由此而错过了火车票最佳的购买时期，与你心仪的火车票失之交臂！

怎样解决这个问题呢？随着手机智能平台的高速发展，其实现在完全可以使用手机买到这难求的一票！

1. 安装“铁路 12306”手机购票客户端

想要在手机上购买火车票，首先需要准备好支付工具（网银或支付宝）。手机上购买火车票不像电脑上通过 12306 网站购买即可，而手机很难直接登录 12306 网站，因为 12306 还没有推出手机网页版，所以在手机端打开电脑版的 12306 是非常慢的，更何况要刷票呢，抢的就是时间跟网速，因此需要安装一些购票软件来完成。

在电脑或者手机上用手机助手进入应用商店后，搜索“12306”即可找到我们需要安装的这款“铁路 12306”应用，或者直接扫描 www. 12306. cn 主页上的二维码即可下载 IOS、Android 系统对应的铁路 12306 应用客户端，如图 9－18 所示。下载完毕，点击 APP 安装包安装该应用。

图 9－18　12306 手机客户端

2. 登录“铁路 12306”应用(图 9－19)

打开“铁路 12306”应用,首先我们不忙着搜索“车票”,我们先把 www. 12306. cn 的账号登录上,不然即使你找到票也可能会因为输入账号而流失的。

图 9－19 12306 手机应用界面

3. 查询、预定车票(图 9－20)

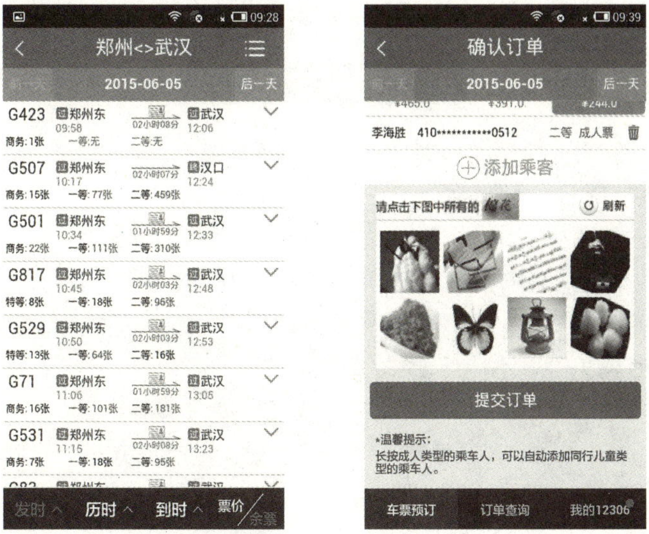

图 9－20 查询、预定车票

如果是过年,购票类型选择“往返”,不然回家了赶不上上班时间也挺揪心的。单程仅仅是购买去往目的地的车票。

选择我们的“出发点”和“目的地”(右边箭头点击进入选择)、出发时间等信息,记得添加乘客,然后点击“查询”(如果是学生就选择“学生”)。

进入查询结果,这里可以看到当天所有的车辆,找到适合自己的时间和车型直接点击即可进入"确认订单"页面。在该页面可选择"车票类型"软卧、硬卧、硬座、无座;添加乘客。最后,输入验证码点击"提交订单",到此火车票就预定成功啦!

4. 支付

订购成功之后系统提示必须在规定时间内完成支付,确认订购的火车票信息无误后,点击底部的"立即支付"前往支付页面即可,见图9-21。支持网银和支付宝支付,大家选择适合自己的支付工具即可,支付完成后,就买到了火车票。关于支付这里就不详细介绍了,按照提示操作即可。

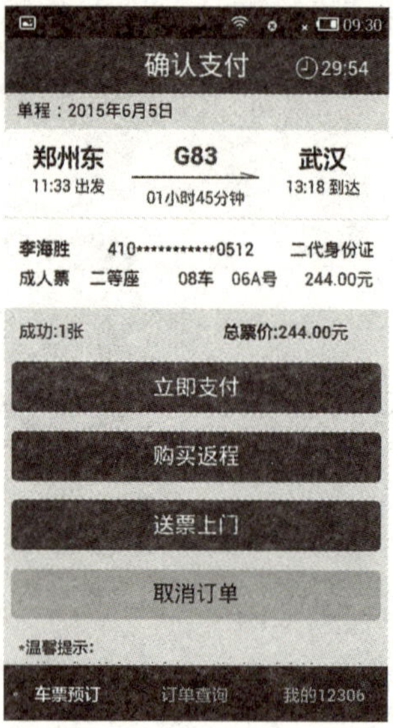

图9-21 手机支付

5. 换取纸质车票

换取纸质车票,在本章任务一中有详细介绍,这里就不再重复。

【小提示】手机上购买火车票也同样要用到12306网的账号,所以最好提前在电脑上注册好账号,并且添加好你的身份证号码和姓名(实名制)、电话等信息,要知道抢票就是抢时间,不要因为一点小插曲就错过了。

下 篇

第十章 农业生产信息化

【知识背景】

中国经济、社会的快速发展，产生了对于信息化的强烈需求。“十五”以来，中国信息化发展的速度远远超过预期，在中国经济与社会发展中的影响日益显现，国家信息化的发展开始步入快车道。农业信息化建设是国家信息化发展战略的重要组成部分。加快推进农业信息化建设，是促进解决小农户与大市场矛盾、缩小城乡“数字鸿沟”的迫切需要，是加速改造传统农业、积极发展现代农业、扎实推进社会主义新农村建设的紧迫任务。将无线传感器网络布设于农田、园林、温室等目标区域，运用温度传感器、湿度传感器、pH 值传感器等节点设备，实时实地收集环境温度、湿度、pH 值、光照、气体浓度等数据。通过各种仪器仪表实时显示以供参考，或作为自动控制参数参与到自动控制中，为农作物、禽类创造一个良好的生长环境。远程控制的实现使我们在家里、办公室即可实现对生产、环境进行监测控制。无线传感器网络有助于实现农业生产的标准化、数字化、网络化。将从三个方面有效促进农业的发展：增产、增收、节约能源。让我们一起走进几个智能农业基地，去看看“智能农业”是如何进行信息化农业生产的。

任务一 什么是信息化

农业是国民经济的基础，农业信息化是国家信息化的重要内容，对农业人口占总人口 65% 的中国来讲，更是如此。通过改革开放 30 多年的发展，我国农业在基本解决温饱的同时，农业效益下滑，农民增收乏力，农村剩余劳动力转移受阻，农业生态环境恶化等许多问题已有不断激化的趋势。这充分表明，传统农业发展模式已无法实现或者说延缓了中国的农业现代化,农业信息化已成为促进农业现代化发展的重要契机。

"信息化"是日本学者最早于20世纪60年代末基于对社会经济结构演进的认识角度提出来的。"信息化"是一个发展中的概念 ,即充分利用信息技术,开发利用信息资源,促进信息交流和知识共享,提高经济增长质量,推动经济社会发展转型的历史进程。

农业信息化是指充分利用计算机技术、网络通信技术、数据库技术、多媒体技术、物联网技术等现代信息技术,全面实现各类农业信息及其相关知识的获取、处理、传播与合理利用,加速传统农业改造,大幅度提高农业生产效率和科学管理水平,促进农业和农村经济持续、稳定、高效发展的过程。

党的十八大提出"促进工业化、信息化、城镇化、农业现代化同步发展"的战略部署,充分体现了党和国家对以信息化支撑工业化、城镇化和农业现代化发展的高瞻远瞩。经济全球化的现实表明,信息化已经成为世界各国推动经济社会发展的重要手段,已经成为资源配置的有效途径,信息化水平已经成为衡量一个国家现代化水平的重要标志。"四化同步"的发展战略,为全国上下加快推进农业信息化指明了方向,明确了目标和任务。深入贯彻落实党的十八大精神必须加快推进农业信息化。

"四化同步"的本质是"四化"互动,是一个整体系统。就"四化"的关系来讲,工业化创造供给,城镇化创造需求,工业化、城镇化带动和装备农业现代化,农业现代化为工业化、城镇化提供支撑和保障,而信息化推进其他"三化"。因此,促进"四化"在互动中实现同步,在互动中实现协调,才能实现社会生产力的跨越式发展。

1. 信息化在新农村建设中的作用

信息产业在推进社会主义新农村建设中具有重要的作用。信息技术科技含量高、发展速度快、渗透力和带动力强,信息产业及信息市场化在促进农业生产经营、农村社会事业发展、提高农民整体素质、缩小和消除"数字鸿沟"等方面,都具有十分重要的作用。

农村经济社会的发展也为信息产业开辟了具有较大潜力的市场空间。信息化不仅是解决"三农"问题的手段和条件,是新农村建设的重要内容,同时也为信息产业拓展了市场空间。随着国家建设社会主义新农村的各项政策出台,农村地区的生产生活条件,农民的收入水平,农民的精神面貌都发生了很大的变化,农村和广大农民对信息技术、网络和产品的需求将变得日益旺盛,使得信息产业在面向"三农"的众多领域都大有用武之地。

(1)信息化在农业生产上的作用

用于农业生产预测,辅助农民合理安排生产,减少盲目性,降低风险(参见图10-1);用于指导农业生产,加快农业科技成果的转化,提高产量(参见图10-2);用于农产品销售,增进农业小生产与大市场的对接。

图 10－1　耕作的信息化

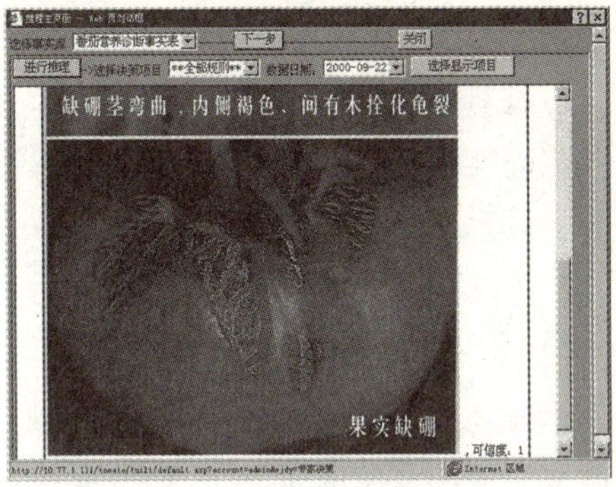

图 10－2　农业专家系统

(2)信息化在农村管理上的作用

◆镇村务管理信息系统　　◆市场信息系统

◆农村政策法规查询系统　　◆病虫害预测与防治系统

◆农村科技信息系统

(3)信息化在农村生活上的作用

实施广播电视“村村通”和农村电影放映工程，建立数字文化图书馆，见图 10－3，图 10－4。

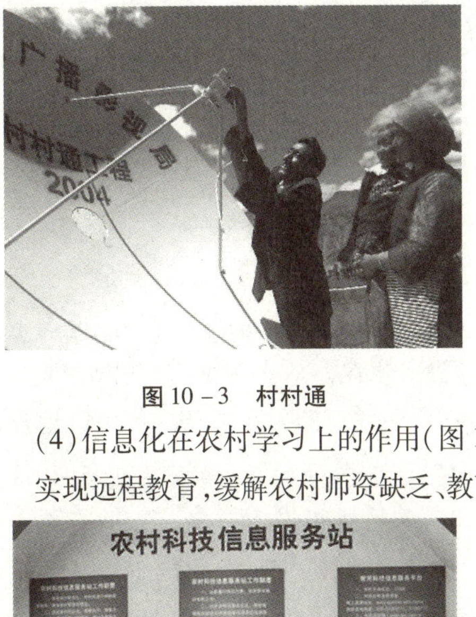

图 10－3　村村通

图 10－4　电影放映

(4)信息化在农村学习上的作用(图 10－5，图 10－6)

实现远程教育，缓解农村师资缺乏、教育质量不高的局面；对农民进行职业技能培训。

图 10－5　农技信息服务站

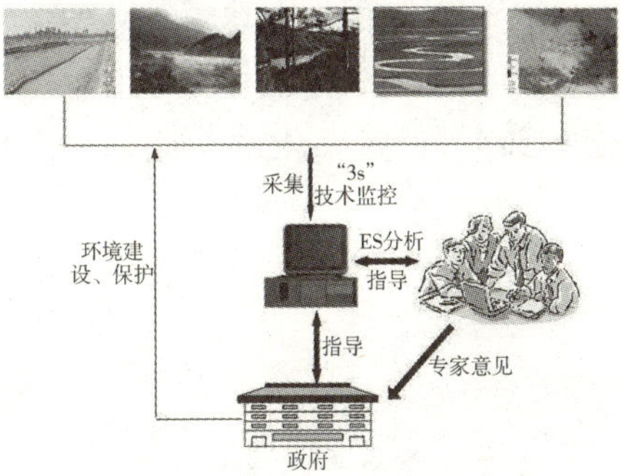

图 10－6　信息化用于环境保护

(5)信息化在农村环境建设和保护上的作用

通过对耕地、水资源和生态环境、气象环境等方面的动态监控和信息收集，使政府有关部门能够及时采取有关政策措施，指导和调控有关企业和农民有效地利用和保护资源、环境。

2. 信息化的魅力

(1)带有“身份证”的阿强鸡蛋

上海复旦大学计算机系毕业的大学生顾澄勇回乡帮他爸爸打理养鸡场。他发现人们越来越关心食品的质量，于是决定开发出一种计算机软件系统，让市民可以了解自己卖的鸡蛋是在哪儿生产的，又是哪天生产的，是否经过检验，等等，以放心自己卖的鸡蛋质量。经过努力，他开发了“阿强”鸡蛋网上身份查询系统。从此“阿强”鸡蛋的包装盒中多了一张薄薄的卡片，提醒消费者可以根据卡片上标明的查询号码和生产日期，到上海农业网上查询与这盒蛋有关的产蛋鸡舍、蛋鸡周龄、蛋鸡品系、饲料饮水及检验结果等信息，甚至还能看到鸡舍及员工消毒、喂养的视频画面。从此，市民购买“阿强”鸡蛋更放心了。而消费者放心的结果，直接带来的是经济效益的增长，有了“身份证”的鸡蛋销量大增，仅2005年7月到年底半年时间，“阿强”鸡蛋的销量就比上年同期增长了2.5倍。

(2)网上专家答疑

2005年初，当禽流感在全国各地流行的时候，龙门县永汉镇胡须鸡养殖大户李汉泉高兴地说到：“前几天，我到镇信息服务中心发布了一条如何解决养鸡场消毒问题的信息，当天就从山区信息网上得到省农科院专家的解答，这个答复很适合我的鸡场，以后一定要好好利用网上答疑功能。”

(3)种植什么品种

朋友的一个亲戚，在广州增城种植蔬菜约2 000亩，已经种了5年。但是过去三年来，种蔬菜并不挣钱，原因是化肥价格上升，工人工资上涨，而且前年、去年当地均下暴雨，由于地势较低，种植蔬菜全部被淹，有2个月没有出菜。从去年下半年开始，他决定转产。但是对于该种什么，一直拿不定主意，便找到朋友帮助。朋友从广东山区信息网上查找信息，了解到东莞麻涌镇种植香蕉，品种优良，产量高，马上将信息告诉他，他专门去东莞考察，同时朋友通过广农网了解深圳布吉农产品批发市场这几年的香蕉价格信息，得知价格一直比较稳定，并且略有上涨。于是，他决定种植东莞的香蕉。今年部分香蕉已经开始收成，他估算收成比种植蔬菜有大幅提高。

任务二　智能农业

1. 什么是农业物联网？

农业物联网：物联网被世界公认为是继计算机、互联网与移动通信网之后的世界信息产业第三次浪潮。它是以感知为前提,实现人与人、人与物、物与物全面互联的网络。在这背后,则是在物体上植入各种微型芯片,用这些传感器获取现实世界的各种信息,再通过局部的无线网络、互联网、移动通信网等各种通信网路交互传递,从而实现对世界的感知。

传统农业,浇水、施肥、打药,全凭经验、靠感觉。如今,在现代化的农业生产基地中,看到的却是另一番景象:瓜果蔬菜该不该浇水?施肥、打药,怎样保持精确的浓度?温度、湿度、光照、二氧化碳浓度,如何实行按需供给?作物在不同生长周期曾被“模糊”处理的问题,都有信息化智能监控系统“实时”“定量”精确把关,我们只需按个开关,做个选择,或是完全听“指令”,就能种好菜、养好猪。

在计算机互联网的基础上,利用射频自动识别(RFID)、传感器、无线通信、嵌入式网关、云计算、移动终端应用等技术,构造一个覆盖世界上万事万物的“Internet Of Things”。在这个网络中,物品(商品)能够彼此进行“交流”,而无需人的干预。其实质是利用 RFID 技术,通过计算机互联网实现物品(商品)的自动识别和信息的互联与共享。

农业物联网结构可分为三层:感知层、传输层和应用层。感知层是采用各种传感器,如温湿度传感器、光照传感器、二氧化碳传感器等来获取各类信息。感知层是物联网识别物体、采集信息的来源。传输层由各种网络,包括互联网、广电网、网络管理系统和云计算平台等组成,是整个物联网的中枢,负责传递和处理感知层获取的信息。应用层是物联网和用户的接口,与行业需求结合,实现物联网的智能应用。根据传感器获取的动物、植物生长环境信息进行自动相应的升温补光、灌溉等控制。对环境异常自动报警,加装摄像头可对养殖、种植场地实时监控。

由此可见,传感器在物联网中作用十分重要。那么,传感器是什么样的呢?传感器是一种能把特定的被测信号,按一定规律转换成某种可用信号输出的器件或装置(参见图 10－7～12),以满足信息的传输、处理、记录、显示和控制等要求。传感器处于被监测物体与系统之间的接口位置,是感知、获取与检测信息的窗口,它提供物联网系统赖以进行决策和处理所必需的原始数据。

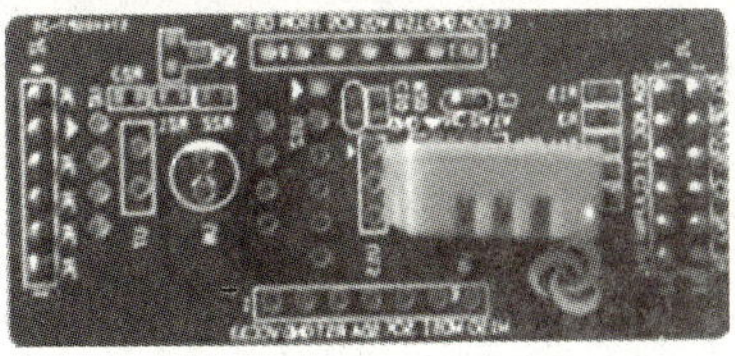

图 10－7 温湿度传感器

功能:实时监测空气温度与湿度。

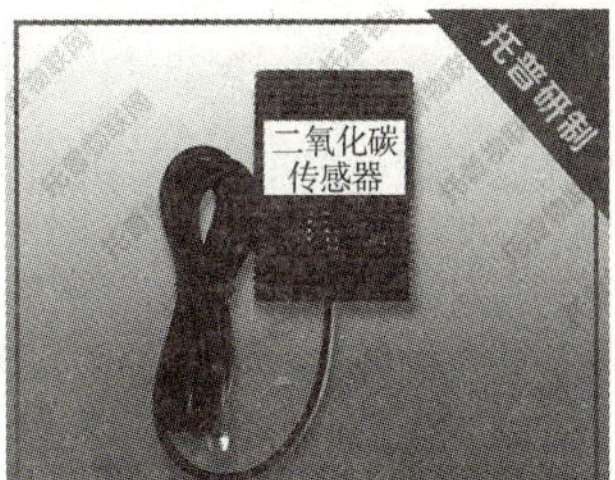

图 10－8 二氧化碳传感器

功能:用于测量空气中的二氧化碳浓度。二氧化碳是光合作用的主要反应物,其浓度大小直接关系到农作物的光合效率,决定着农作物的生长发育、成熟期、抗逆性、质量、产量等。

图 10－9　**光照度传感器**

功能：探测光照强度。

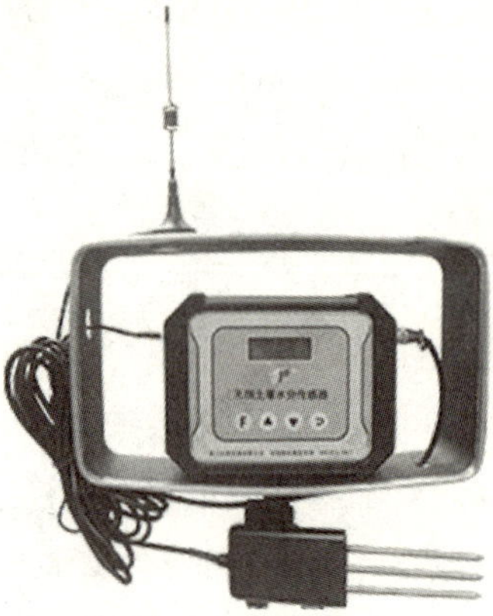

图 10－10　**土壤水分传感器**

功能：测量土壤水分含量，主要用于土壤墒情监测及农业灌溉，广泛用于节水农业。

图 10－11　**土壤温度传感器**

功能：监测土壤温度，广泛应用于温室大棚、花卉蔬菜、草地牧场、植物培养科研等领域。

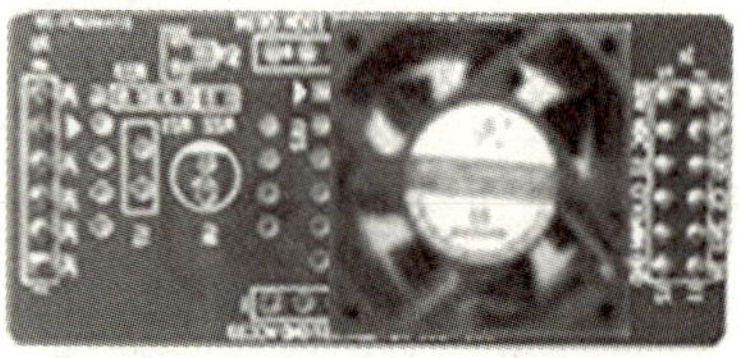

图 10－12　**风扇传感器**

功能：控制风机的启动与停止，调节风扇的转速。

有了这些传感器，农业物联网能够做哪些事情呢？

（1）实时监测

通过传感器实时采集温室（大棚）内的空气温度、空气湿度、二氧化碳、光照、土壤水分、土壤温度、棚外温度与风速等数据；将数据通过移动通信网络传输给服务管理平台，服务管理平台对数据进行分析处理。

（2）远程控制

针对条件较好的大棚，安装有电动卷帘、排风机、电动灌溉系统等机电设备，可实现远程控制功能。农户可通过手机或电脑登录系统，控制温室内的水阀、排风机、卷帘机的开关；也可设定好控制逻辑，系统会根据内外情况自动开启或关闭卷帘机、水阀、风机等大棚机电设备。

(3)查询

农户使用手机或电脑登录系统后，可以实时查询温室(大棚)内的各项环境参数、历史温度、湿度曲线、历史机电设备操作记录、历史照片等信息。

(4)警告功能

警告功能需预先设定适合条件的上限值和下限值，设定值可根据农作物种类、生长周期和季节的变化进行修改。当某个数据超出限值时，系统立即将警告信息发送给相应的农户，提示农户及时采取措施。

基于上述功能，农业物联网目前主要有如下应用：温室智能控制、智能节水灌溉、水产养殖管理、食品溯源系统、专家咨询系统、花卉果蔬植保、水池水质监测、土壤墒情检测、大田环境监测与畜禽舍环境监控等。

2. 蒙禾源食用菌养殖

在食用菌生产中，温度、湿度、光照和二氧化碳浓度等是影响其生长的重要环境因素，能有效调控影响食用菌生产的环境因素，有助于提高食用菌生产自动化程度和产量品质。但传统种植基本沿用老方法，每天浪费人力，让工作人员去每个大棚里用二氧化碳检测仪检测二氧化碳浓度，去开启风机，去打开侧窗、天窗。而通过使用无线传感器网络可以有效降低人力消耗和对农田环境的影响，获取精确的作物环境和作物信息。食用菌物联网主要是通过在设施环境内安装部署温湿度传感器、光照传感器、二氧化碳传感器等设备，实时采集食用菌生长环境各环境指标数据，并通过现场无线传输网上传到本地监控中心系统，中心监控系统通过综合分析各个环境因子，将分析结果形成一系列控制指令再反馈给部署在控制现场的设备执行装置(图 10－13)。比如，当空气温湿度低于设定值时，说明食用菌“口渴”了，这时信息会自动反馈到自动喷淋设备，该设备马上开始喷淋；温度高了自动开启风机等设备进行降温。这样，既确保食用菌能够在最适宜的环境中生长，又解决了菇农不能随时照看食用菌生长情况的问题。

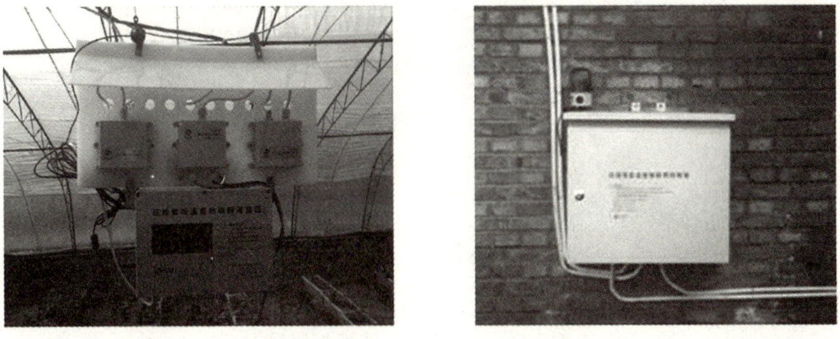

图 10－13　食用菌栽培自动控制

呼和浩特蒙禾源食用菌基地已建成厚墙体温室大棚 100 栋，生产车间及附属设施

3 000 多平方米。基地日均可生产菌棒 8 000 棒左右,年生产能力可达 200 万棒。为提高种植效率,蒙禾源食用菌基地引进华夏神农物联网技术,在其所建设的食用菌大棚中安装了农业物联网监控设备,实时监测大棚食用菌的温度、湿度、光照、二氧化碳浓度等生长环境指标。工作人员如发现温室情况异常,可通过控制器对温室环境进行自动或手动调节,如湿度过低时,系统可自动开启喷淋设备增加湿度。智能化的实现,促进了高效农业的发展。

3. 天津市洪彪养殖专业合作社水产养殖

影响水产养殖环境的关键因素有水温、光照、溶氧、氨氮、硫化物、亚硝酸盐、pH 值、盐度等,但这些关键因素既看不见又摸不着,很难准确把握。现有的水产管理是以养殖经验为指导,也就是一种普遍的养殖规律,很难做到准确可靠,产量难以得到保障。随着养殖业的不断发展,水产养殖环境智能监控系统的出现,提高产量与品质,势在必行。

通过运用物联网技术,养殖户可以通过手机、PDA、计算机等信息终端,实时掌握养殖水质环境信息,及时获取异常报警信息及水质预警信息,并可以根据水质监测结果,实时自动地调整控制设备以改善水质环境,实现水产养殖的科学养殖与管理(图 10 - 14),最终实现节能降耗、绿色环保、增产增收的目标。

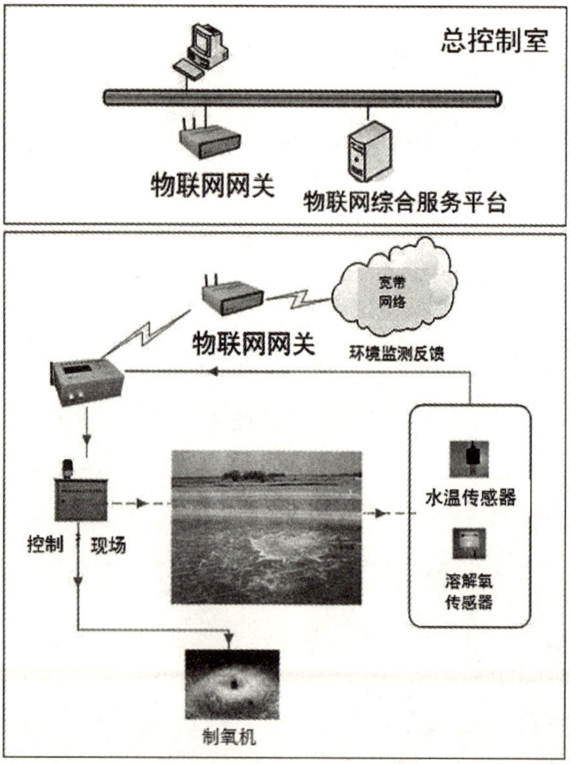

图 10 - 14　水产养殖智能管理

天津市北辰区洪彪水产养殖基地,位于北辰区西堤头镇,项目总投 675 万元,目前有养殖水面 1 200 亩,主要养殖彭泽鲫鱼、乌克兰鳞鲤、南美大对虾等水产动物。根据洪彪水产养殖基地的需求，华夏神农物联网研发团队为基地定制开发了一套水产物联网监控预警系统，系统可实现通过手机、计算机等信息终端，实时掌握养殖水质环境信息，及时获取异常报警信息及水质预警信息，并可以根据水质监测结果，实时调整控制设备，如水溶氧低于正常水平，就开启制氧机；在设定时间，自动投饵等。水产养殖环境监控系统可充分地利用计算机及工业控制原理将水产养殖业纳入科学的管理之中，及时地监控、调节水产养殖的各种环境参数，极大地减少养殖人员精力的投入，实现以较少的投入，获得较大的效益。

4. 夹河葡萄合作社葡萄种植

河北省张家口市怀来县夹河葡萄专业合作社成立于2008年，有233户、1 100多村民加入合作社，注册资金达到1 000多万元。经过多年的努力经验，夹河葡萄专业合作社（图10－15）不但获得了国家级首批葡萄太空育种科研立项，还注册了“三道弯”品牌推行品牌化营销，每年人均增收6 000多元。

图10－15　夹河葡萄合作社

为了推进合作社种植基地向现代化、智能化发展，2014年夹河合作社与华夏神农公司展开了合作，为合作社打造专业的水肥一体化智能控制系统等多个物联网产品。其中包括：

（1）水肥一体化系统

根据合作社的需求和种植葡萄的特点，打造的水肥一体化系统实现智能灌溉，节水节肥。

（2）传感系统

温室内部部署了多个采集节点，负责棚室内部生长环境的监测，包括空气温湿度、土壤温湿度、光照、二氧化碳浓度。

（3）远程控制系统

用户可远程操控温室开膜通风、远程控制卷帘、远程二氧化碳施肥、远程灌溉、远程补光。

（4）气象监测系统

气象信息对园区生产十分重要，集成高灵敏风向风速监测装置，实时感测户外环境因素。监测到的数据会通过无线传输系统，直接上传到中央控制室，供管理员查看。

系统自投入使用以来，运行稳定，操作简单易学，受到基地管理人员的认可和好评。

5. 江山养殖场生猪养殖

随着社会的发展，污染的日益严重，环境越来越受人们的重视。同样，为了能让生猪更好更快地生长，只有为猪创造良好的生存和生产条件，才能达到投入饲料少、获取数量多、猪肉质量好的效果。对于养猪业来说，其生产主要受养殖品种、喂食饲料种类和质量、疫病、生长环境和管理水平等因素的影响。其中环境因素所起的作用尤为重要，占 20% ~30% 的比重。猪舍环境因素包括温度、湿度、噪声、光照、有害气体（氨气、二氧化碳、硫化氢）、密度、通风换气等。（参见图 10－16）

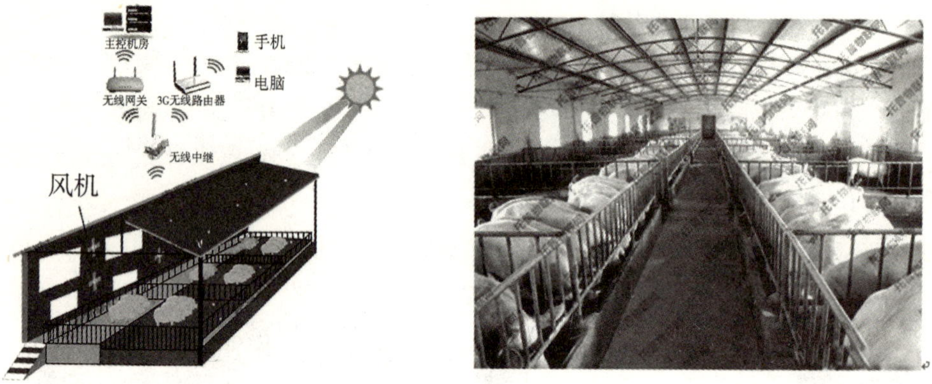

图 10－16　畜牧养殖系统构成

智能管理系统包括以下几个方面：

（1）猪舍环境信息智能采集系统

影响猪舍内环境的因素包括二氧化碳、氨气、硫化氢、空气温度、湿度、光照强度、气压、噪声、粉尘等。二氧化碳、氨气、硫化氢、粉尘等气体的增加会导致猪发生疫情；空气温度、湿度、光照强度、气压影响着猪生长的质量；密度、温度、湿度、通风换气则影响着猪生长繁殖的速度。这些因素都可以设置标准值或值域范围（图 10－17 ~ 图 10－18），当超出正常范围时自动报警系统则会短信通知用户，用户可自行采取应对措施。

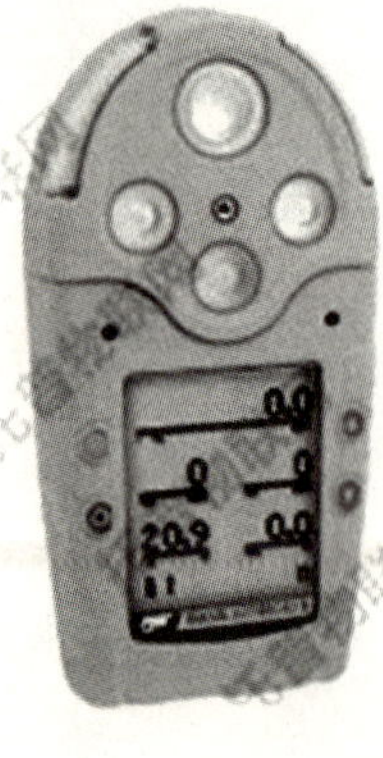

图 10－17　氨气传感器

图 10－18　硫化氢传感器

（2）猪舍环境自动调控系统

实现养殖舍内环境（包括光照度、温度、湿度等）的集中、远程、联动控制。与物联网相连的有各种自动调节设备。当猪舍内照度、温度不在正常设定范围时，可远程控制开启或关闭天窗获取光照与温度，也可实时风机散热；当湿度不够时，则可打开水帘，增加湿度。

(3)智能养殖管理平台

实现对猪舍采集信息的存储、分析、管理；提供阈值设置功能、智能分析、检索、报警功能；提供权限管理功能和驱动养殖舍控制系统。当用户在养殖过程中遇到不能解决的问题，还可以将信息或者图片传输到农业智能专家系统，生猪养殖领域的专家会为用户解答疑难，轻轻松松坐在家里就能掌握先进饲养信息。用户还可手动生成饲养知识数据库，当同类问题重复出现时，便能及时查看解决方法，不必大费周章，再寻良策。

“使用物联网以后，我们马上就能和大棚里的蔬菜‘对话’了”，农技师说。蔬菜它需要什么温度？什么时候要浇水？什么时候要施肥？浇多少水？施多少肥？你并不完全知道，或者只知道个大概，装上一个小小的无线传感器，农作物就会说话、有感觉、有思想了，大棚里的温度高了它会警告你，土壤里的湿度低了它会通知你，更准确地告诉你它的需求，使作物所需要的生长环境永远保持在最佳状态。

农技师现在只要坐在办公室里，电脑的页面停留在几片蔬菜叶子上，用鼠标一点点拉近，就可以很清晰地看到叶片上趴着几只小蚜虫。这样农技师通过物联网的远程监控系统发现了“敌情”，可以立即给棚里的农民兄弟提了个醒，早做防护措施。

虽然物联网对于农业发展所带来的好处显而易见，但在使用上还未形成刚性需求。作为一个新兴事物，农业物联网正处在边试验边示范的阶段，有着广阔的应用前景。对于传统农业来说，物联网的成本过高，在没有见到效益之前，让农民提前投资难度较大。所以对于这一新事物，很多农民，甚至一些农业干部、政府部门还需要一个接受的过程，迫切需要转变观念。在加大政府扶持、建立补贴制度的同时，应尽快建立适应农业发展需求的商业模式，由市场引导、向市场要钱，是推动物联网发展的有效方法。

任务三　网上销售农产品

一方面农产品难卖、价格低等供过于求的现象表现明显，“菜贱伤农”的消息塞满互联网；另一方面农产品生产又呈现无序性、盲目性和趋同性，别人种啥我种啥，对市场变化不敏感。因此，农产品流通问题已成为当前影响农民收入增长，制约农业与农村经济发展的一个重要因素。随着信息技术的高速发展，农村的互联网应用普及程度越来越高。那农民朋友是否也可以利用互联网将农产品销售出去呢？当然可以！经营网店正在成为农民的一种新型致富手段。比如，农民把自家的特色农产品挂上网销售，不仅解决了农产品的销路问题，也实现了利益最大化。电子商务不仅帮助农民实现经营和消费的无缝衔接，也为留守儿童、疯狂春运等社会问题提供了现实的解决方案。

目前国内有许多农产品信息发布平台，如阿里巴巴、中国农业信息网、惠农网等(表10－1)。下面以阿里巴巴、中国农业信息网为例，为大家说明如何发布农产品信息。

表10－1 常用农产品信息网

农产品信息网	http://www.nongnet.com
中国农业信息网	http://www.agri.gov.cn
中国惠农网	http://www.cnhnb.com
全国农产品批发市场价格信息网	http://pfscnew.agri.gov.cn
阿里巴巴	http://www.1688.com

1.在阿里巴巴开旺铺

(1)开店准备

第一步：有阿里巴巴账号的，点击"请登录"(见图10－19)登录网站；没有阿里巴巴账号的，点击"免费注册"，申请阿里会员。

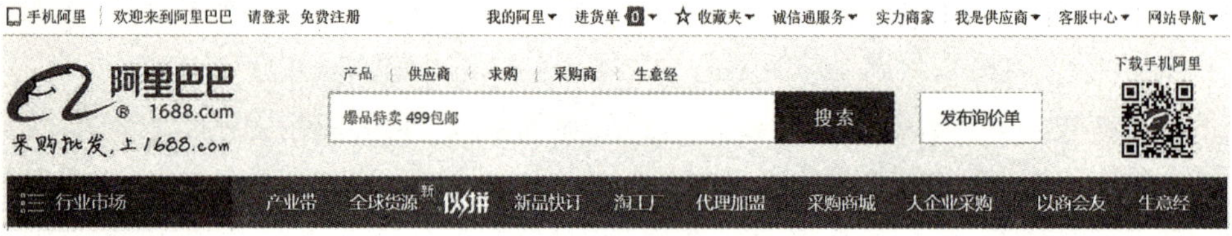

图10－19 阿里巴巴主页面

第二步：完成企业名称认证、个人实名认证，完成认证可以增加交易对象对你的信任度，也是阿里巴巴在线交易的基础工作。阿里为我们提供了多种不同种类的认证，可根据需要进行选择。(见图10－20)

公司名称：张三（个人）

认证内容	企业名称认证[免费]	企业身份认证[诚信通]	企业实地认证[推荐]
企业名称	×	×	×
联系人身份	—	×	×
联系人授权真实性	—	×	×
工商注册信息	—	×	×
经营地址及使用权	—	—	×
营业执照原件审核	—	—	×
真实经营模式	—	—	×
企业实景照	—	—	×
指定证书认证	—	—	×
	我要认证	我要认证 免费咨询	我要认证

图10－20 旺铺认证界面

(2)开通旺铺

第一步:打开我的阿里(图10－21),在“我的应用”栏目,点击“旺铺”(图10－22)。

第二步:点击“公司介绍”,完善公司介绍,有红色‘＊’的为必填项,建议完整度达到五星。(见图10－23)

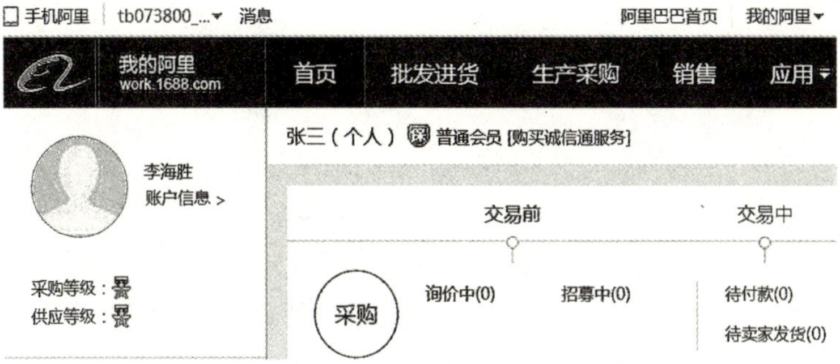

图10－21　我的阿里

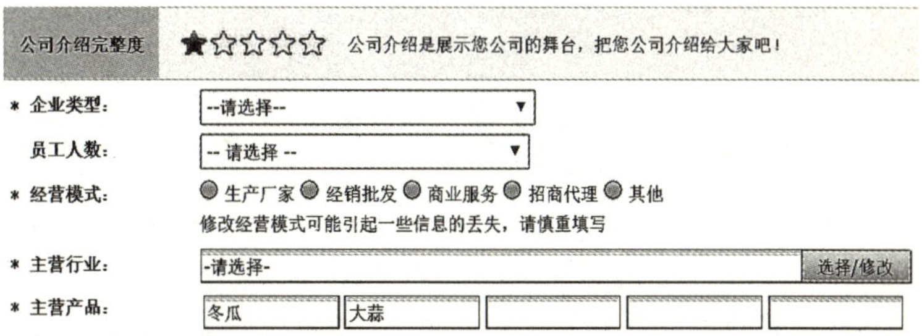

图10－22　点击“旺铺”　　　　图10－23　完善资料

第三步:填写完毕后,点击“保存并发布”,经过审核,即可发布。(见图10－24)

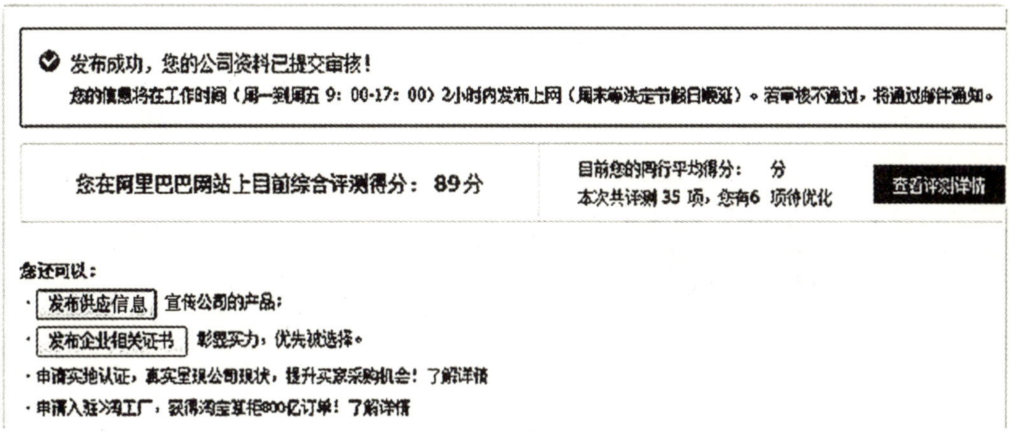

图10－24　发布公司介绍成功

(3)发布供应信息

第一步:打开我的阿里,点击上方“应用－供应产品”,进入发布页面。(见图10－25)

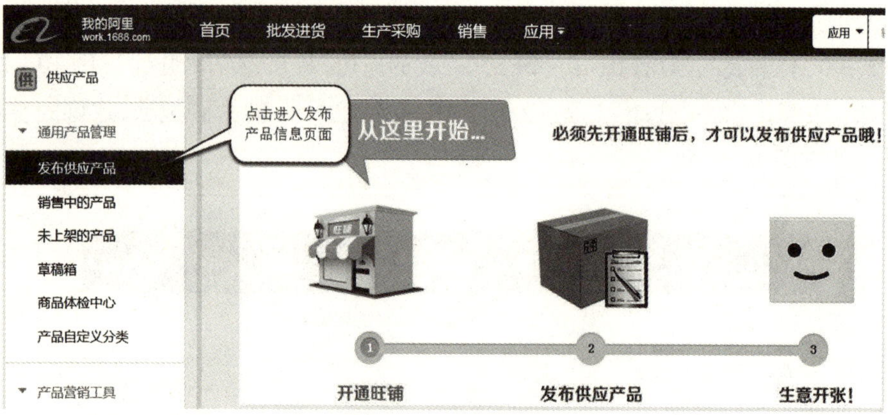

图 10－25　我的阿里

第二步：选择产品的类目，建议在搜索框中搜索产品名称确定类目。（见图 10－26）

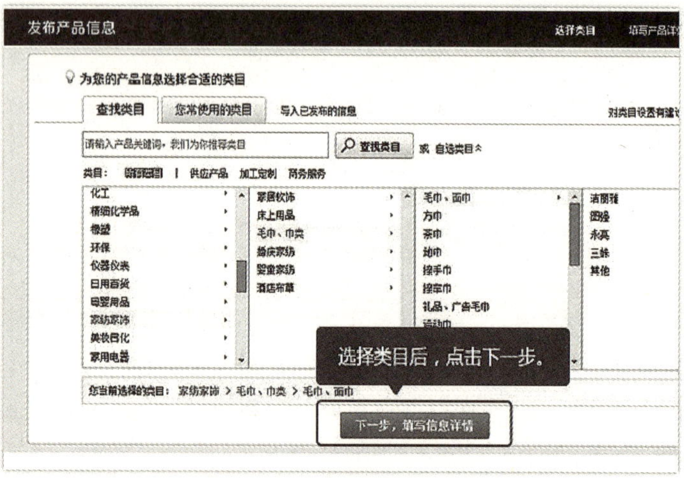

图 10－26　选择产品类目

第三步：填写详细的产品属性及详情，带红色‘＊’的为必选项。（见图 10－27）

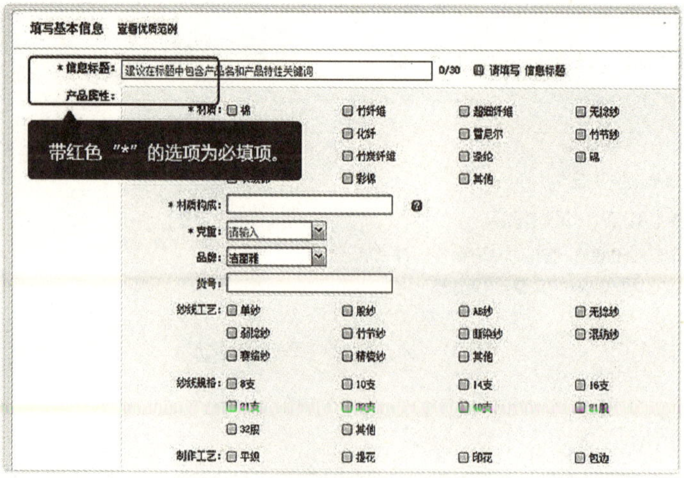

图 10－27　填写产品详情

第四步:填写完成产品详情,点击“同意协议条款,我要发布”。(见图 10－28)

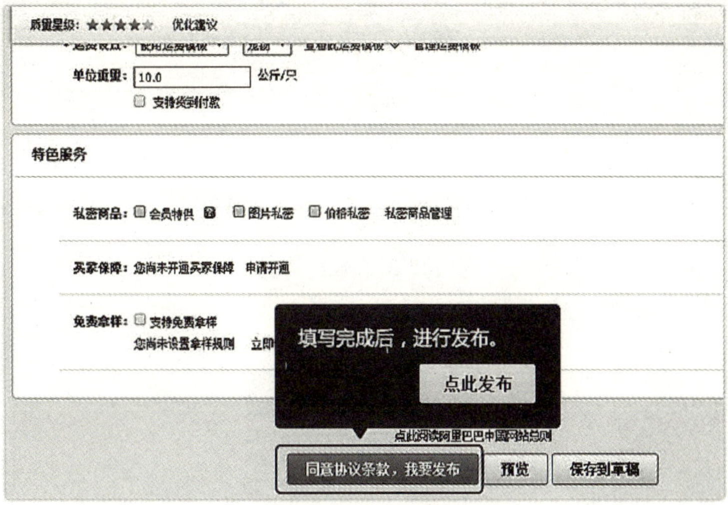

图 10－28 发布

第五部:发布完成后,需 2 个工作小时的审核,审核通过后,发布上线。(见图 10－29)

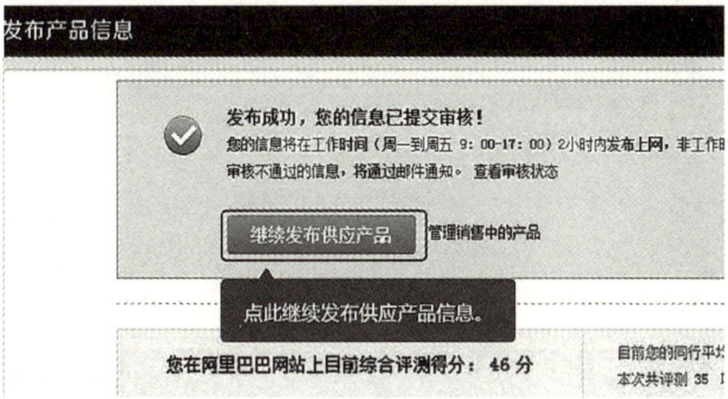

图 10－29 发布成功

到此,我们的产品信息就发布到互联网上了,赶紧打开看看吧!(见图 10－30)

图 10－30 商铺页面

(4)查看订单(参见图 10－31、图 10－32)

第一步:点击“我的阿里”,可查看交易订单,点击“销售”可查看订单详情。

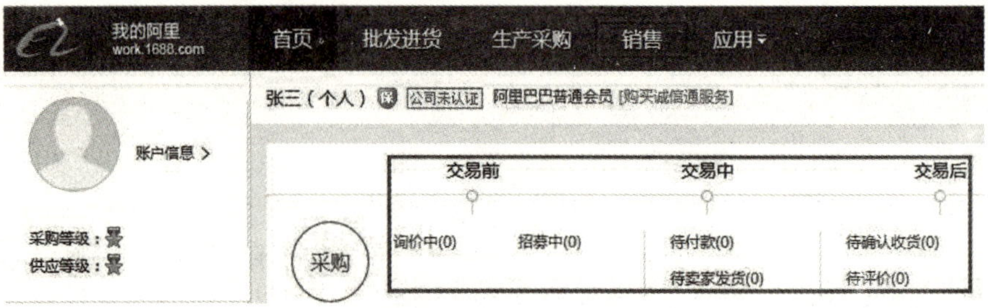

图 10－31　我的阿里

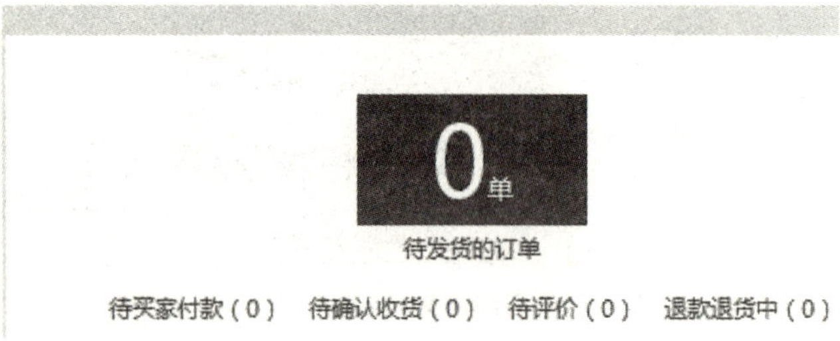

图 10－32　订单详情

2. 网上发布供应信息

(1)注册登录农产品信息网

第一步:打开农产品信息网首页,点击"QQ 登录"按钮。(见图 10－33)

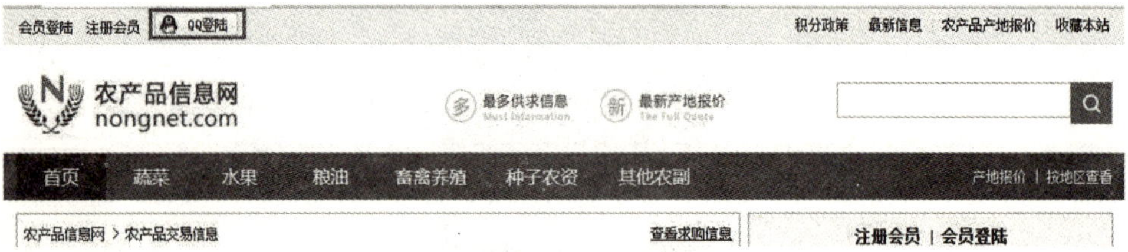

图 10－33　农产品信息网

若是首次登录,需要完善会员资料如图 10－34 所示:

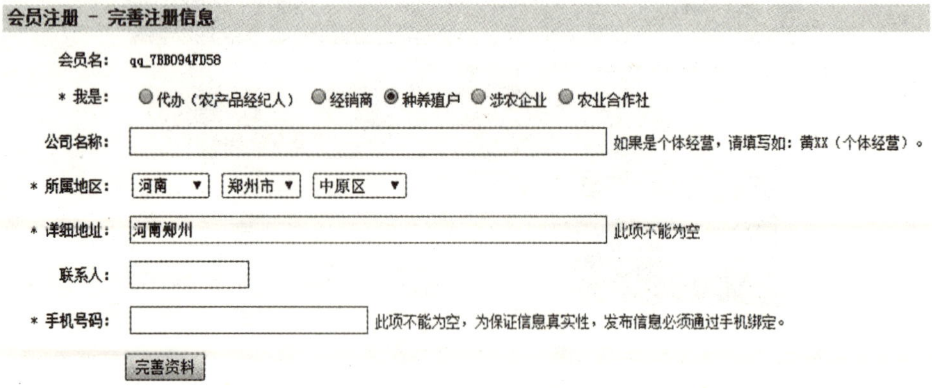

图 10－34　完善注册信息

第二步：如图 10－35 所示点击任意一个“发布信息”按钮，进入信息发布页面。

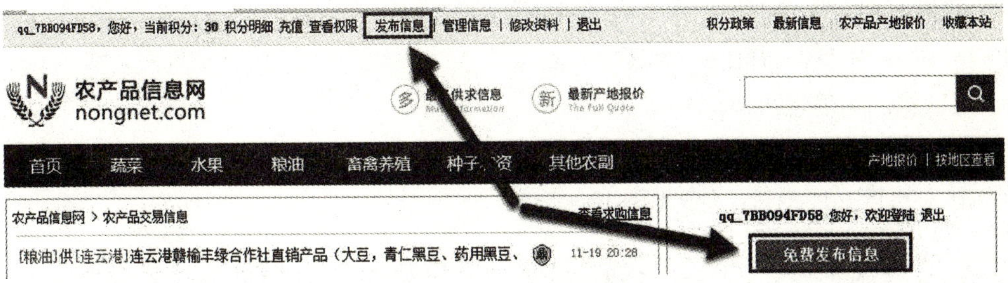

图 10－35　**点击“发布信息”**

(2)发布信息

第一步：在信息发布页面，选择产品分类，如我们点击“红薯”。（见图 10－36）

蔬菜					水果
白菜	土豆	红薯	西红柿	辣椒	葡萄
冬瓜	大蒜	蒜薹	四季豆	小白菜	梨

图 10－36　**选择产品种类**

第二步：详细填写产品信息。产品信息尽量做到详细、真实、准确，并附上产品图片，填写完毕，点击“立即发布信息”。（见图 10－37）

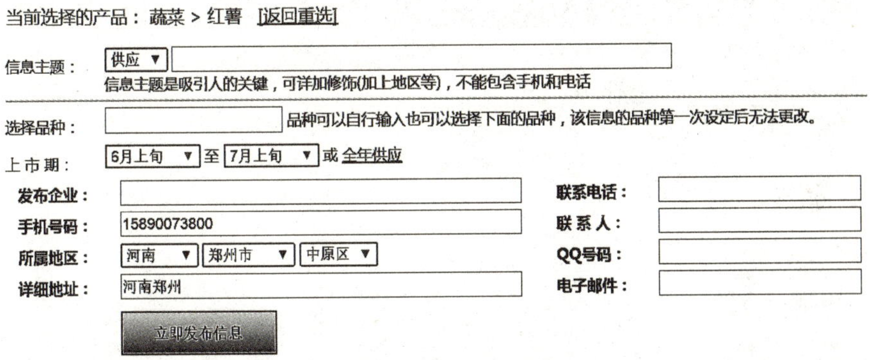

图 10－37　**填写产品信息**

第三步：查看发布的信息。（见图 10－38）

[供]华山红薯

发布(更新)时间：2015-5-21 10:52　浏览数：**33**

发布单位：四川省内江市东兴区平华种植专业合作社
联系人：朱先生
手机号码：1858146XXXX
联系电话：0832-232XXXX
联系邮箱：314336XXXX@qq.com
联系地址：四川 内江 东兴 平坦乡新街
联系QQ：314336XXXX
上市时间：5月上旬 - 12月下旬
产品品种：红薯 - 太原红

图 10－38　**发布的信息**

3. 收集价格信息

我们不但可以在网上销售农产品，还可以通过网络查看农产品的价格信息，来作为我们种什么、种多少、养什么、养多少的参考，以防止“菜贱伤农”的事情再次发生。

（1）农产品信息网

打开信息网首页，点击首页右上方的“产地报价”，点击上方种类名称，即可看到不同地区对该产品的报价。（参见图 10－39）

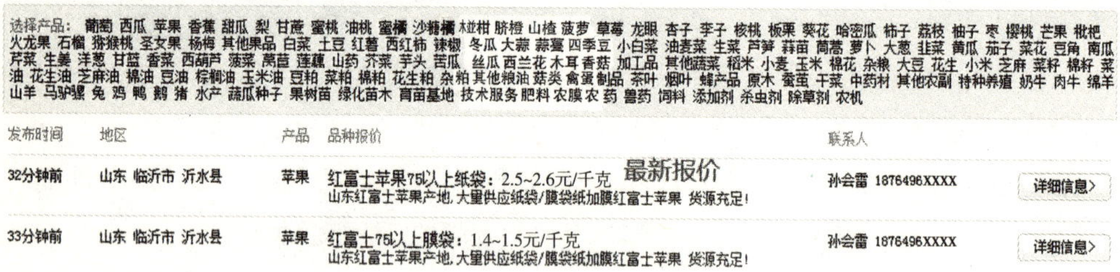

图 10－39　产品分产地报价

（2）全国农产品批发市场价格信息网

打开批发市场价格信息网，首页中部有“市场行情分析”栏目可看到农产品价格信息；或者点击首页上方“价格行情”，打开“价格行情”页面。（参见图 10－40、图 10－41）

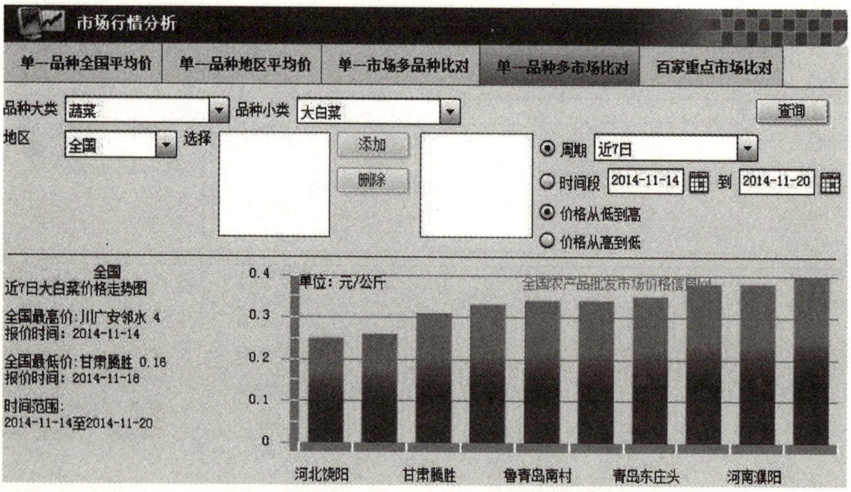

图 10－40　市场行情分析

2014. 11. 20 农业部全国农产品批发市场价格行情　单位（元/公斤）

省份 全国　市场 全部　品种大类 全部　品种名称 全部　筛选

品种	批发市场	最高价	最低价	大宗价	产地	信息员
面粉	包头市友谊	3.8	3.8	3.8		任园园
面粉	长沙马王堆	4	3.6	3.8	河北、吉林、黑龙江	潘彤
面粉	北京石门	3.6	3.2	3.3		王珊珊
面粉	湘红星市场	3.8	3.4	3.6		张勇
面粉	晋长治紫坊	3.56	3.52	3.54		梁建芳

图 10－41　价格行情表

提供农产品价格信息的网站还有很多,在这里就不再一一述说。希望大家多看、多比较,得出一个较为合理的价格。

4.成功的案例

(1)江帆的网上"甜蜜事业"

江帆是广州增城市的一名大学生村官。江帆的梦想是当个好村官,服务农村;村民的梦想是农产品畅销,卖个好价钱。江帆意识到,帮助农民兄弟增收致富,是他所能做的最有意义的事。

江帆所在的五星村位于增城市的东面,地理环境和气候条件适合发展蜜蜂养殖,所产蜂蜜质优而价廉。然而,五星村闭塞落后,有些地方连通信网络都未曾覆盖。由于蜂蜜的销售渠道狭窄单一、缺乏宣传、包装不够精美,销量一直不高。

2011 年,果树开花量大增,使得蜂蜜产量创历史新高,但滞销的蜂蜜或被村民廉价批卖,或送给亲朋好友。江帆反复思考,想到了一个点子——借助网络平台拓宽蜂农销售渠道。这个想法赢得了村干部的赞赏和支持。于是,他便利用 QQ 空间、QQ 群、增城娱乐网、淘宝网以及各大网站论坛等平台,把拍摄到的五星村养蜂环境、采蜜过程等放到网络上,对五星村蜂蜜进行广泛宣传,发布销售信息。

果然,网络的力量一下子被引爆了,本地、外地的客户蜂拥而至,更多的顾客直接在网上购买,五星村蜂蜜的知名度一下子提高了。两年中,江帆通过网络帮售的蜂蜜达 3 000 斤,总价值约人民币 3 万元,帮助的蜂农也由一家上升到数十家,而且还辐射带动了周边的村庄,卖蜂蜜成了他的"甜蜜事业"。

(2)网上销售活牛羊

1997 年,大学毕业的孟宏伟被分配到山东泰安公路局工程处工作。2001 年,一起车祸导致孟宏伟高位截瘫。虽然再也无法像以前一样自由行走,但孟宏伟决定要给今后的人生找一条出路。他写过小说,学过画漫画,但都没有成功。而就在此时,在中国农村刚刚露头的网络让他看到了希望。2006 年,孟宏伟东凑西借了 2 万多元,买了 10 台电脑,也没办营业执照,就在家里开起了"黑网吧",一天能有个一二百元的收入,村里孩子老来上网,影响了学业,"黑网吧"被乡亲们举报了,网吧创业就此告终。

网吧被关后,孟宏伟依然"游荡"在网上寻求商机。在研究电子商务过程中,他发现利用当地优势资源为客户搭建一个信息平台,可能会有"抓得住的商机"。经过调研,他了解到济宁周边县市牛羊资源丰富,但养殖方式都是一家一户散养;在嘉祥县黄垓乡还有一个零散的牲畜交易市场,销售也仅限于周边地区。当时网络销售牛羊基本是空白,孟宏伟就想跟养殖户搞合作,在网上销售牛羊。

孟宏伟拖着截瘫的身躯去找嘉祥县黄垓乡的养殖户,一家家地跑,可是没人相信活牛羊也能在网上销售。很多养殖户甚至怀疑:"一个连路都走不了的人,还卖什么牛羊?瞎闹!""只听说在集市上卖牛羊,还没听说在网上卖牛羊的!"但经过不懈努力,终于有养殖户答应尝试。有了货源,孟宏伟的"网上活牛羊专卖店"就开张了。

7 年，销售额从零到两亿！

一张床、一台电脑、一个鼠标、一个摄像头、三四个手机，这就是孟宏伟在网上卖牛羊的全部装备。“我收集了很多农业和养殖类的行业网站，将信息一个个发布上去。”孟宏伟说，“那个时候网络还不被人信任，网上很多人也以为我是骗子。”

苦等 3 个月，2006 年年底一位河南客户看到了孟宏伟发布的信息打来电话，并买了 300 只羊，孟宏伟也赚到了 1 500 元，这是他新生后的第一桶金。到 2007 年年底，孟宏伟卖了 1 200 只羊和 690 头牛，获纯利 12 000 元。到 2008 年，他销售牛羊已经达到 5 万多头，年销售额一亿多元。

孟宏伟没有止步。2008 年，他做了自己独立的大地牧业网站，并投资几大搜索引擎竞价排名，确保自己的网站能在首页被搜到，还在阿里巴巴企业版中建立了独立商铺。孟宏伟的团队中，负责网站运营的全是残障人士。

为防止货源不足，孟宏伟和别人合伙投资建了养殖场。但是，网络客户越来越多，再加上牛羊养殖需要一定的周期，光靠自己的养殖场和附近零散养殖户的牛羊已经远远不够。于是，在 2009 年孟宏伟将养殖场扩建为嘉祥县牛羊养殖专业合作社，并建立了牛羊交易场。“只要是没病没灾的活牛羊，无论谁家的都可以进场交易。”在合作社专门为客商挑选牛羊的潘若龙说。

作为邹城市大束镇东山头村的一个农民，孟宏伟只在电视上见过迪拜的帆船酒店，他从没想过有一天，这里的牛羊也可能漂洋过海到迪拜。2011 年，迪拜的客商通过网站上找到孟宏伟。在沟通过程中，迪拜客户初步向孟宏伟购买 3 000 只小尾寒羊、500 多头奶牛，价值 1 000 多万元。就在迪拜和孟宏伟安排运输线路时，了解到由于小尾寒羊属于国家保护品种，不让出口，最后生意没有做成。不过孟宏伟看到了更大的希望：连外国人都来找我买牛羊了，更加坚定了他在网上卖牛羊这条道走到黑的决心。

目前，孟宏伟带动的黄垓乡牛羊买卖，一年销售量可达 20 万头，交易额就有 2 个多亿，而从事养殖、运输牛羊的人已经上万，在网上做牛羊买卖的也越来越多。

5. 失败的教训

李勇明是来自四川省凉山彝族自治州金阳县的一名大学生。毕业后，由于找工作四处碰壁，他萌生了在淘宝创业的想法。“金阳县产魔芋和羊肉，山里的村民经常挑着进城来卖，我何不在网上卖这两件特产呢？”李勇明说干就干，2010 年 12 月，他的淘宝小店开张了，专卖金阳县的魔芋干和羊肉干。“魔芋和羊肉不方便邮寄，也不方便保存，所以还是卖魔芋干和羊肉干可行。”

小李告诉记者，他家并不富裕，好不容易才东拼西凑拿出 2 万多元，却发现创业之路的艰辛才刚刚开头。“农民为了省事，直接卖魔芋和羊肉，制成干货的不多，拿到县城市场上卖的更少。”李勇明告诉记者，为了寻找货源，他开始进山挨家挨户收货，这样做也能降低成本，收到的货比市场上买到的稍微便宜一些。“但是山路崎岖，别说村级公路，就是县级公路都很烂，靠步行挨家挨户收货，人力、资金上就有很大的压力。”李勇明说，除了交通情况，价格问题也让他头疼不已。“农民自己加工的魔芋干在成本、包装、口感上都比不过食品工厂工业化生产的魔芋干片，而且我们这儿交通太不方便，物流成本太高，价格上跟其他工业化生产的干货没法比，销路一直不好。我也想过转型做其他农产品，但是拿不出资金，银行贷款也没申请下来，本金亏完了，只好关店了事。”李勇明告诉记者，他现在在成都一家灯具城做销售，希望能在学到更多的销售知识后，重新开网店，卖灯具。

来自淘宝网的数据显示，目前农民网商主要聚集地在东部沿海地区，而部分中西部省份的农村电子商务发展则滞后不少。伏绍宏告诉记者，西南地区的电子商务受到诸多因素制约，其中之一便是物流成本居高不下。“西南地区多山地、丘陵，加上交通基础设施建设相对滞后，在一些山区，物流成本很高，这就需要电商们一方面多挖掘本地消费市场，尽量减少物流成本，一方面多打打山区的‘绿色’牌，在销路上多挖掘优势。”

第十一章 农村生活信息化

【知识背景】

"一按遥控器,种植养殖技术、法律知识应有尽有,电影、文艺节目想啥时看就啥时看。打开电脑,就能看到镇上、村里发的通知、公告;办啥事,先在网上看看办事指南,不像以前要镇上、村里来回白跑趟了。"9 月 3 日,谈到新升级的数字化农家书屋,大厂祁各庄镇毛庄村的李绍瑞赞不绝口。这就是数字化农家书屋的魅力!随着信息化程度的提高,农村生活越来越便利了。

任务一 农村教育信息化

1. 数字农家书屋

走进河北省大名县黄金堤乡翟龙化村农家书屋,在书屋内,映入眼帘的 40 多平方米书屋整洁有序,配备的 4 台电脑前,有的村民正在电脑上聚精会神地阅读和搜寻着,不时在笔记本上记录着需要的各类农业信息;有的正在查阅发布市场供求、农业政策信息。

农家书屋实际上就是数字图书馆(Digital Library),也称电子图书馆、网络图书馆、虚拟图书馆,是用数字技术处理和存储各种图文并茂的文献,并对有价值的图像、文本、语音、影视、软件和科学数据等多媒体信息进行收集、组织和规范再加工,通过网络提供高速横向跨库连接的多媒体信息存取服务的图书馆。

如今在大名县,农家书屋已成为宣传党的方针政策的农村阵地,农民群众汲取知识,学习新的种植养殖技术、创业致富的重要渠道。然而农家书屋以传统图书为主,其知识面窄、信息内容容易老化,为破解这一桎梏,开辟农村群众获取政策方针、技术知识的新渠道,让农民及时了解最新农业政策、技术。大名县投资 2 000 余万元在该县 236 个村庄建设了"数字化"农家书屋。"数字化"农家书屋不仅可以方便上网查资料、发信息,农家书屋管理员还可以通过数字信息发布平台为群众发病虫情报等农业技术以及农业政策、市场销售方面的信息。据了解,该县在"数字化"农家书屋建设中,统一按照面积不少于 30 平方米,配齐书柜、阅览桌椅,书屋内至少一台电视机、一台影碟机、一台投影仪、三台电脑等设施标准配备，实用图书不少于 1 000 册，报纸期刊不少于 30 种，并增加网络图书、网络报纸、网络期刊等出版物。

农家书屋主要为解决农民读书难、看报难的问题。从书屋建成运行情况看，图书问题解决得较好，但报刊问题一直解决得不理想，主要是投送不及时，特别在西部偏远山区更为突出。除依靠邮局发行这一传统手段还看不出有很好的解决办法，而数字农家书屋则为解决这一难题提供了很好的方案。

根据国家新闻出版广电总局农家书屋办公室统计，目前，数字农家书屋主要有卫星和互联网两种模式，从所要解决的报刊投递问题来看，“卫星数字”农家书屋具有明显优势。因为报刊投送困难的地区往往地处偏远，通信闭塞，缺乏网络基础设施。目前，湖北、陕西、北京、河北等省市已经建立了 1 万多个“卫星数字”农家书屋，而且大都建在山区和离城镇较远的农村，在实际运行中取得了较好的效果。宁夏、西藏、云南、辽宁等省区也已达成 2 万多个“卫星数字”农家书屋的建设意向。目前迪庆藏族自治州已经建设了 600 个“卫星数字农家书屋”，该州技术人员先后深入 29 个乡（镇）进行安装培训，保证每个乡（镇）有 2 人能够熟练掌握卫星数字书屋安装、调试、使用技能。图 11－1 为在梅里雪山脚下的云南省迪庆藏族自治州德钦县云岭乡红坡村，一名藏族男子在调整“卫星数字农家书屋”的天线。

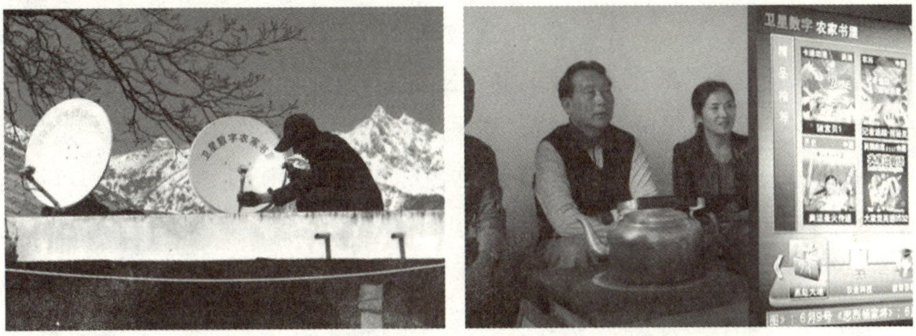

图 11－1　迪庆藏族自治州“卫星数字农家书屋”

相比较而言，基于互联网的数字农家书屋建设门槛较高，需要有互联网接入口，适合中东部较发达农村地区。代表案例如江苏省无锡市凭借其雄厚的资金支持投入兴建了数字农家书屋中心。（参见图 11－2）

图 11－2　无锡星级示范农家书屋

展望数字农家书屋的建设前景，在财政部门的支持下，未来“数字农家书屋”将扩大试点建设范围，为更多的百姓带去文化食粮。

2. 农村远程教育

（1）农村中小学远程教育

远程教育的推广与普及，不仅缩短了城乡间的教育差距，而且把先进的教学理念，通过信息技术手段，有力地送到偏远地区，通过资源共享，达到提高全民族的科学素质的目的。

首先，能激发山村学生强烈的求知欲，开拓山村学生的视野，使他们心有大世界，心存大未来。中西部地区山村教育信息不通，仍沿用过去“一个教师、一根粉笔、一套教材”的传统教育模式，根本适应不了当今日新月异的社会发展、当城里孩子逛超市、穿裙子时，他们仍玩着捏泥娃娃过家家的游戏；当城里的孩子玩电脑成瘾成患时，农村孩子仍抱着黑白电视机探究其奥秘。远程教育大大促进了山村经济、教育和文化的发展，缩小了城乡教育的差距，把鲜活的知识与生动的理念搬上了舞台，高速运转的电脑激活了一批又一批雏鹰，有力地开阔了山村小精灵的视野，世间博大精深的奥秘通过电脑激励着一颗颗聪颖睿智的头脑，飞出小山村，走出大世界，翱翔大未来。

其次，能够激发现代教师应用现代教学手段的能力，农村远程教育不仅丰富人们的内心世界，而且更新了人们的管理理念，使教师综合素质提高了，更使师生们受益于现代教育的发展。山村教育资源困乏，学生家长文化水平偏低，一般教师信息技术素养相对较差，所以山村信息化建设必须做到“不求最好，但求用好”，“不求最好”是指在硬件建设不追求完美，“用到最好”是指在现有资源条件下，最大限度地发挥出现有设备的效益。因此，对于农村学校教师，面对新的信息技术设施只有一个对策：学习，学习，再学习。在课堂教学过程中有效地应用信息技术，不仅不会增加教师的负担，而且能激发他们的学习兴趣，点燃心中学习的火焰。教师在运用的过程中因压力而产生动力，只有适时、适度、适量的压力，才会达到事半功倍的效果，进而达到自我发展、自我提高的目的。

再次，信息技术本身是一把双刃剑，它的发展给人们带来了十分广阔的世界，也会带来烦恼。无论是谁，只要有思想，有智慧，便会被信息技术所迷惑，但其负面影响也会接踵而来，一些不健康的东西也会出现于网络世界。所以，我们在大力增强信息技术教学过程中，不能忽视以学生、老师、家长为着重点，为大家创设思想教育平台，注重师生心理过程的管理，通过互动平台，构建家庭与学校之间最快捷的沟通渠道，真正体现全方位、多方式育人的特色，这样，家长、同学、老师的信息素质都将得到全面的提高。当然，信息技术教育也给人们提供了一个加强德育的素材和资源，为育人提供了一个好的渠道。

农村教育现代化是振兴农村教育、加快农村教育发展的必然选择，又是农村教育信息化的必然结果和必由之路。我国是个发展中的农业大国，农村教育发展在全面建设小康社会起着重要的作用。实施农村远程教育工程，是优化教育资源配置、加快基础教育均衡发展、实现基础教育跨越式发展、促进农村教育信息化和现代化的新思路。

（2）农村远程职业教育

社会主义新农村建设需要培养大批懂技术、会经营的新型农民。可以说，“没有新农民就没有新农村”。目前，我国农村劳动力素质低，缺乏专业技术人才，科技创新能力低下，农民素质有待提高。“三农”问题的主体是农民，农民自身的发展是核心。现在面临“两难”问题：一是现今农村缺乏足够数量和一定知识与技术能力的专事务农者；二是城乡差距不断拉大，农民拥挤在越来越少的耕地上，农业停留在技术水平、商品化程度、专业化水平低下的状态。

解决“三农”问题的关键是发展农村教育，提高农民素质，为农村培养高素质的现实劳动力和潜在的农民。当务之急是发展农村职业技术教育，提高农村劳动力素质，加快城乡一体化进程，加快农村富余劳动力向非农产业转移，解决人口结构性矛盾，提升农业生产效率。远程职业教育作为职业教育的一种新形式，借助卫星系统、互联网络以及其他多媒体手段，为提升农民整体素质提供了有效途径。

目前我国农民的受教育程度存在很大差异。农民受教育程度具有显著的差异性，决定了农民对教育需求的多样性。目前，远程职业技术教育有多种层次：初等职业技术教育、中等职业技术教育、高等职业技术教育以及非学历教育的培训。远程职业技术教育能为农民提供多种教育服务，如普及文化知识、农业技术、专业技术和实用的经济知识与法律知识等。因此，远程职业技术教育为不同受教育程度的农民提供了个性化服务，有利于提高农民的职业技能。

远程职业技术教育在办学体制、办学形式、专业（学科）设置、学习时间和学习方式上都是多种多样的。办学形式分为业余、全日制和半日制；学历教育、非学历教育；学习全科、选学单科或专项技术，等等。多样的办学形式方便农民在不同时间、不同地点进行学习，满足农民不受时间和地点学习的需要。（参见图 11－3、图 11－4）

农民接受职业教育培训也受到资金的限制，如学费过高，势必影响农民学习的积极性。远程职业技术教育借助自身优势，在同等投资状态下，能使接受教育的人数呈几何级数增大，因而降低了教育的社会成本。同时，农民能根据自己的时间进行学习，使工作与学习两不误，大大降低了学员因耽误农业生产的机会成本及差旅费等产生的个人直接教育成本，减轻农民的负担。

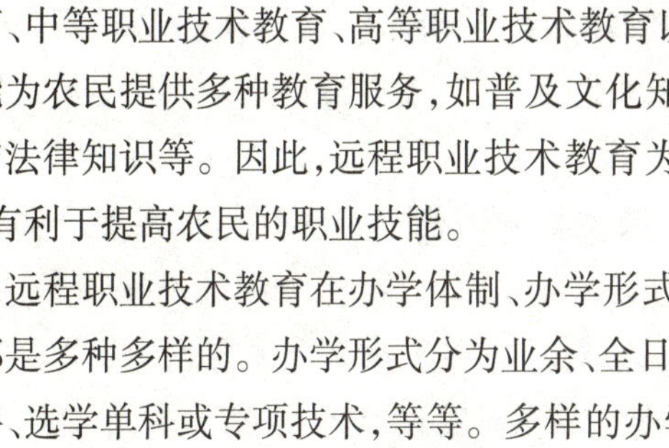

图 11－3　开封县农广校蔬菜大棚技术培训

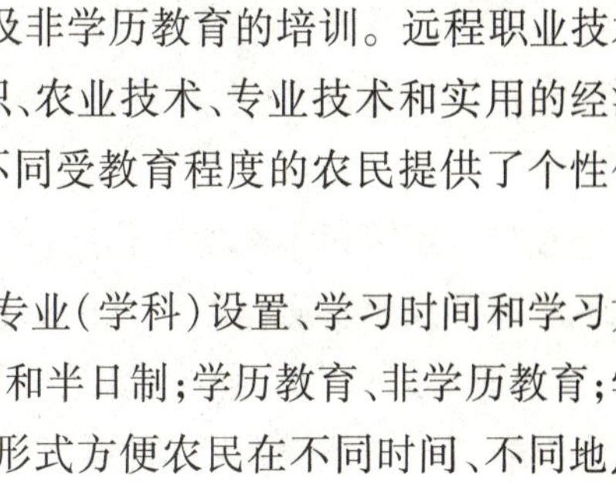

图 11－4　夏邑县农广校沼气工技能培训班

由于中西部地区经济、社会、教育等方面发展的不平衡，地区差异大，在实施现代远程教育工程中必须因地制宜，采取多种模式，逐步推进。在中西部农村中小学实施现代远程教育目前有三种模式：教学光盘播放点、卫星教学收视点和计算机教室。

◆在边远地区农村小学教学点配发教学光盘播放设备和成套教学光盘。全国大约有11万个农村小学教学点，其中中西部为9.9万个。边远地区农村小学和教学点大都缺乏师资，特别是一些主要课程合格教师更为缺乏，教育教学水平不高。为中西部各地边远地区农村小学教学点配发教学光盘播放设备及配套教学光盘，以教师讲授为主，播放光盘为辅，帮助教师备课，以解决这些学校在一些课程上缺乏师资，教学水平和教育质量不高的问题。这种模式的主要优势是设备操作简单，教学方式易掌握，一次性投入少。

◆为农村中小学建设卫星教学收视点。全国农村小学38.4万所，其中中西部为31.5万所；全国农村初中有3.74万所，其中中西部2.98万所。通过中国教育卫星宽带传输网，快速接收大量的优质教育资源，使广大教师能够及时地结合教育教学实际，充分利用卫星传输的优质教育教学资源，进行备课、同步教学、计算机辅助教学、教研活动和教师培训等，提高当地中小学的教育教学质量。这种模式的主要优势是能获取多种媒体资源，实时更新，存储量大，覆盖面广，成本低，可以提供最基本的数字化环境。

◆为农村乡镇初中配备计算机教室。要把在乡镇初中建设计算机教室与初中信息技术课的开设工作有机结合起来，开展网络环境下的教学，利用网络环境备课，开展教研活动和教师培训。在乡镇初中计算机教室可以发挥多种功能作用，利用计算机教室学生可以学习信息技术，可以上网学习浏览，接收卫星数据广播，共享优质教育资源。这种模式的主要优势是提供网络环境，资源丰富，交互性强，提供师生学习计算机和网络技术的条件，提供个别化学习和合作学习的条件。

通过三种模式还可为当地农民提供农业技术、市场信息等知识，促进当地农村经济的发展；也可为农村党员干部现代远程教育服务。

任务二　党务、政务、村务公开一体化

从2005年开始，中国移动广东公司（以下简称广东移动）就将农村信息化作为信息化“八项工程”的主要内容之一，致力于运用信息技术为农村开辟更广阔的发展空间。在农村信息化建设过程中，为了探索构筑一条农村“阳光政务”路，广东移动凭借网络技术和业务服务优势，结合各级政府的现状和发展需要，创造性地推出了一系列丰富实用的移动政务解决方案，缩小了城乡间的“信息鸿沟”，推动了农村政务信息化进程。

1.“村务 e 路通”开辟村务“阳光通道”

“自从有了‘村务 e 路通’(图 11－5)，现在查询本村村务，查询系统上合作医疗和土地承包的情况，监督村委会工作，不但速度快，而且很方便。”湛江市龙门镇德地村村民邓广深有感触地表示。

图 11－5　村务 e 路通

据了解，湛江市作为广东省农业大市，近年来积极推进农村信息化建设。为了加强党风廉政建设，增加农村政务透明度，广东移动借助该市实施“信息兴农”的契机，联合湛江市市纪委监察局和湛江市农村信息化工作领导小组办公室，建设了信息互动平台——湛江市村务 e 路通信息公开平台，为农村政务开辟了一条绿色通道。

据介绍，“村务 e 路通”综合应用 Internet、手机短信双向发送、手机 WAP 网站等技术，可以将全市行政村农村党务、村务、财务和强农惠农信息等 29 项内容全方位公开，完整覆盖了国家规定的农村信息公开的内容；实现了农村信息公开的电子发布、电子查询、电子监督、电子投诉和电子评价“五个电子化”功能；提供互联网、手机短信、手机 WAP 网站、电话语音、多媒体终端机 5 种信息化的查询途径，可以让村民随时随地了解村里的情况。“村务 e 路通”信息公开平台系统在通过广东省科技厅组织的科技成果鉴定时，鉴定委员会专家们一致认为，该项目运营模式新颖，系统共享平台结构设计合理，技术手段先进，在农村基层党风廉政建设信息化领域处于国内领先水平。

湛江市村务 e 路通信息公开平台(图 11－6)开通以来，对全市农村民主管理、民主理财和民主监督建设起到重要作用，推动了全市农村基层党风廉政建设。该平台自 2008 年 7 月正式启用以来，已覆盖全市 11 个县(市、区)1 503 个行政村，实现所有行政村党务、村务、财务情况基本进入信息公开平台(图 11－7)，现有各类信息 15 000 多条，访问量超过 2 万次。到 2009 年初，平台已经延伸到全市自然村，进一步帮助政府打造“促廉平台”和“阳光村务”。

图 11－6　湛江市鹿根垌村 e 路通

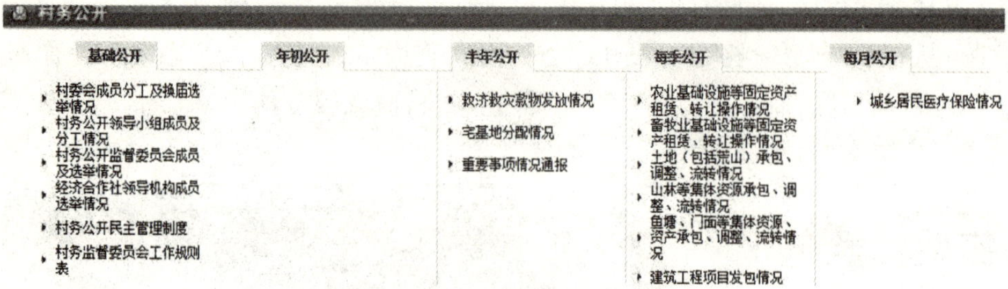

图 11－7　湛江市鹿根垌村村务公开栏

2.“村务管理系统”提升村务办理效率(图 11－8)

“以前因为操作问题,村务公开栏的信息最快 3 个月才更新一次。自从有了‘村务管理系统’就方便多了。”在珠海斗门区白蕉镇虾山村村委会办公室,一名村干部指着电脑说。

图 11－8　珠海白蕉村村务管理系统

为了推进珠海农村信息化,2008 年初,广东移动联合珠海市政府,成功开发出符合村委会管理需求的信息化产品——村务管理系统,该系统主要用于村委日常办公事务信息流的处理,包括农村名片、人口、党群、经营、资源及档案管理,村务公开、便民服务等与村委工作息息相关的模块,紧密结合实际需求,且操作非常简便(参见图 11－9)。除了用手机短信发布信息外,还在全国首创了采用电子显示屏公布村务、提供农用信息(参见图 11－10)。目前,该系统已经在珠海市斗门区的 4 个行政村进行试点推行。

长期以来,农村人口信息收集比较简单,通过村里存档资料,只能查到村民年龄、身高等粗略信息。针对这些问题,“村务管理系统”把村民目前从事的职业、教育程度、有无参加医保以及手机号码等信息都收集起来,进行电子存档。“以前是纸质资料,这类信息经常更改不好登记,现在采用信息化管理后,信息员就可以随时更改登记了。”冲口村村支书李锦灿表示,“自从有了‘村务管理系统’,就不用在需要详细信息时挨家挨户去查了,对人口普查和经济普查非常有利。”

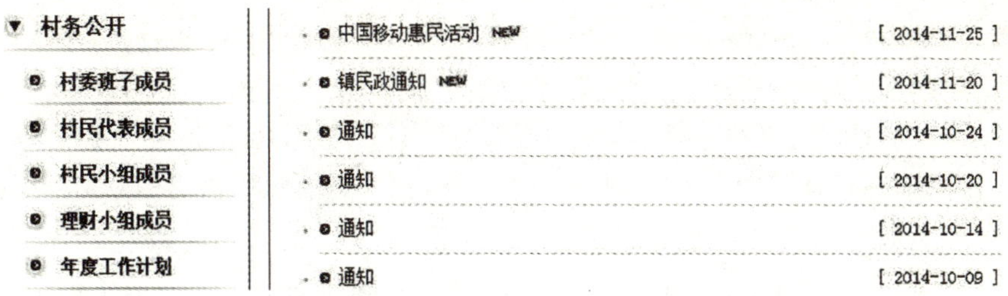

图 11－9　珠海白蕉村村务公开栏

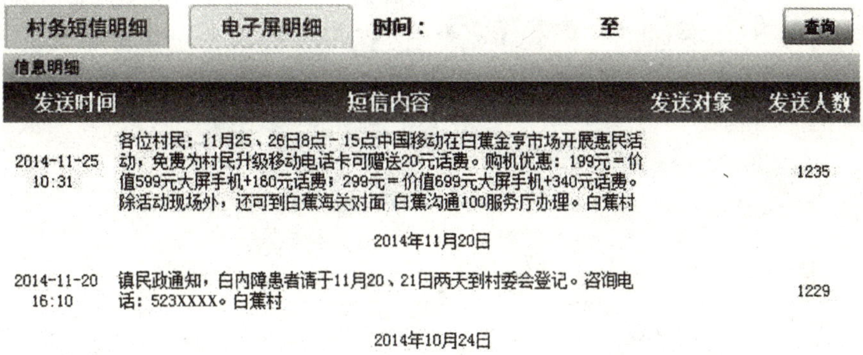

图 11－10　珠海白蕉村短信通知

目前，广东移动已经为白蕉镇 32 个行政村开通了村务管理系统平台，使白蕉镇全部实现了村务管理移动信息化，日常管理工作基本以短信通知各家各户，极大地提高了村委工作效率，让村民能在第一时间了解到村里村外的信息。

3. “党风廉政信息公开平台”助力财务公开

“这个党风廉政信息公开平台作用真不小，现在村民上交的每一笔费用都可以在下个月清晰地查询出来，让我们心里踏实多了。”肇庆市德庆县官圩镇官圩村村民聂福泉感慨地说。

据了解，由于缺乏有效的监督机制和相应的信息平台，肇庆市开展多年的农村村务公开一直难以兑现。2007 年，广东移动携手德庆县政府，进行大胆创新，利用移动信息化优势，在全县开通了党风廉政信息公开平台（图 11－11），将全县村务信息全部纳入统一的电子信息平台。用户只需按村名发送到指定的端口号进行查询，村里每月收支

图 11－11　肇庆市党风廉政信息公开平台

情况、集体筹资用途等财务信息就能立刻在手机上显现。此外，德庆县还开通了短信视频点播，通过有线电视可以直接查阅农村政务财务。

党风廉政信息公开平台为该村财务信息公开提供了“阳光通道”(图 11－12)。对此，村民聂福泉感触颇深。几年前，他承包了官圩村 10 亩山地种植柑橘，每年都要向村委会上交一笔数目不小的租金，但是每个月上交完租金后，却看不到这笔钱的具体使用情况。自从开通了党风廉政信息公开平台后，聂福泉随时随地可以通过手机短信了解村里每笔财务状况。

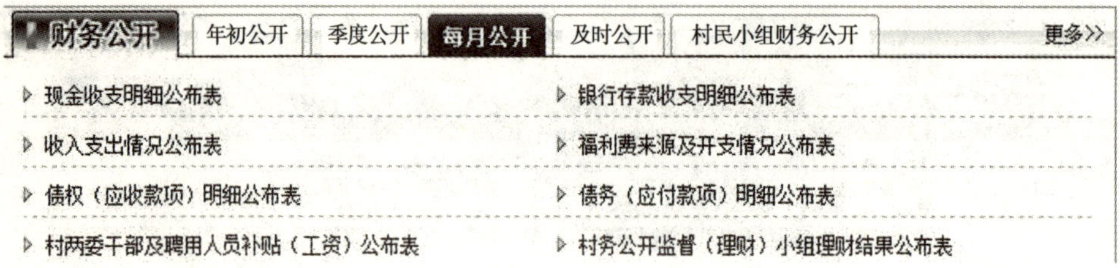

图 11－12　肇庆市德庆县官圩村财务公开

党风廉政信息公开平台不仅消除了村民对村干部的猜疑，还有效杜绝了贪污现象。据德庆县纪委负责人介绍，2009 年 5 月，德城镇一位村民从短信反馈的本村财务信息里看到，上月的村委开支情况明显过大，便立即向德城镇政府反映了这一情况。镇农业局立即核查，果然查出了该村委领导私吞了 5 000 多元，后来德城镇勒令其退还了侵吞款项，并给予相应处罚。

据统计，自 2007 年 4 月党风廉政信息公开平台开通至今，德庆县群众查询村务财务公开信息共 7.22 万人次，共发现问题 7 起，为村集体和群众挽回经济损失 22 万多元，一些问题迅速被发现并得到有效处理，及时维护了村集体和农民的利益。群众有反映而经过查实没有问题的，也还了干部清白，消除了干群间的误会。

德庆县纪委负责人表示，党风廉政信息公开平台创新了村务公开载体，不仅增强了村务公开的准确性，而且加强了农村民主管理和民主监督。下一步，德庆县纪委还将继续深化与广东移动的合作，用信息化开创德庆县廉政建设新局面。

全国人大代表、广东移动总经理徐龙提出了加强农村信息化应用“四张网”工程的建议，重点提出了完善农村村务网(村务管理信息、农业政策信息网)，不遗余力地推进农村信息化从“信息进村”到“信息出村”、从“信息富农”到“信息廉政”的提升和转变。

任务三　农村安防系统

1. 农村安防现状

夏天的一个傍晚，一个小偷蹑手蹑脚地走进张大伯的西瓜地准备偷窃。西瓜长势很好,马上就要上市销售了。望着又大又圆的西瓜,小偷露出贪婪的笑容,没想到刚刚弯下腰来准备摘西瓜,就听到传来一阵警报声,小偷被村民们逮了个正着……

以上出现的这一幕并不是在放电影,而是我国某个农村地区利用安防系统加强财产管理的一个缩影。以前,报警器、摄像机只是在城市的居民小区以及一些公共场所得到应用,而随着农村经济的发展,“平安农村”建设的需要,这些高科技产品也逐渐应用到农村市场。譬如,有的农村用防盗报警器保护牲畜、农用机械、交通工具等,也有的家庭通过安装防盗报警器预防小偷入室盗窃。

农村地区的治安形势存在以下几个特点:

一是严重刑事犯罪案件攀升。尤其是在偏僻农村区域,由于缺乏有效防范和救援机制,受害人往往无法及时得到救助。

二是侵财案件高发,有的地区,侵财案件占农村刑事案件的八成以上。一些地方变压器被盗问题突出,有的甚至出现连续一周每天被盗一台的情况。不仅影响了农村生产和生活秩序,也给当地社会治安造成了恶劣影响。

三是农村人口结构性改变,群体防范力减弱,留守弱势群体需要保护。当前,有的农村地区留守老幼妇家庭已接近总农户数的半数。特别是妇女、老人和儿童等弱势群体,一旦遇到意外情况,自救能力非常弱。近年来一些地方多次发生老人和儿童由于意外事故得不到及时救助而导致的惨剧。2007 年 6 月,湖北省某地一位李姓老汉突发疾病死亡,相伴在家的三岁孙子被活活饿死,直至 7 天以后才被邻居发现。

四是由于缺乏有效应急和救援机制,一些群体性矛盾和突发事件引发财产损失和人员伤亡,影响社会稳定。

五是农村警力往往有限,见警率低的问题得不到有效改善,维护治安力不从心。

尽管各地公安机关不断创新和调整警力部署,推动警力下沉和警务前移,但农村见警率低的问题依然比较突出。农村地区大多辖区范围大,接处警时间较长,即使在打击犯罪的单项职能上,农村派出所也时常捉襟见肘,力不从心。(参见图 11－13)

图 11－13　农村安防

因此,仅仅依靠派出所“唱独角戏”,显然不能解决农村治安防范和打击犯罪的根本问题。加上社会保障机制不健全,伴随着农村经济发展、青壮劳力的缺乏、犯罪手段和方式的变化，传统防范体系显得非常脆弱和疲惫。“辛辛苦苦干一年，小偷一夜都偷完”成为一些村民无奈的感言，“喂牛和牛睡，喂猪和猪睡”是一些地方农民的真实写照。

近年来，农村技防已经在维护农村治安稳定、保障农村地区正常生产生活和环境等方面发挥了较大的作用。据了解，在农村技防建设方面先行一步的河南、江苏、江西、山东等地，农村治安环境明显改善，可防性案件数量持续下降、群防群治能力显著提高。尤其是河南省，通过各级公安机关的共同努力，采取多种模式和机制，已经初步形成农村技术防范体系。

河南省通过联网报警设备构建区域联防系统，增强了农村群防群治能力。根据不同地理位置，组建以行政村组织为基本框架，以农村基层派出所为骨干的联网报警系统，达到自防自治、就近救助、联网出警的总体布局。

在建设的具体措施上，在大牲畜、农机具上安装单体报警器的基础上推行多户联防系统。经济条件好的地方，根据治安情况，在城乡结合部、重要道路、卡口等安装监控与报警系统。在电话普及率较高的地方，推广农户电话虚拟网智能报警系统。

农村技防建设带来的成效是：一家有难，大家支援，小技防，大平安，促进了大和谐。一些突发事件，可以进行快速的先期处置。一般的矛盾纠纷，通过村委会和群众出面及时进行调解。灾害事故或急病等紧急求助，可以实现及时就近救助。刑事、治安案件警情，派出所民警可以快速到达现场，最大限度地实现警务前移，提高了出警效率。同时，有限的农村警力和治安防控力量能够集中使用，实现打击、防范资源的有效整合。

河南省开展农村技防建设以来，在农电设施盗窃重灾区商丘、信阳、新乡等地，2008年没有发生一起农电设备丢失案件。漯河市郾城区龙城镇，自2007年底安装监控系统后，“两抢”和盗窃农电设施2008年实现零发案。2008年上半年，濮阳市通过农村技防防止各类案件50余起，调解矛盾纠纷60多起。这些数字的背后，农村技防功不可没。

安居才能乐业，百姓才没有后顾之忧，才能有农村的和谐与发展。河南省漯河市舞阳县章化乡地处三市交界，特殊的地理环境曾使这里治安一团糟，牛羊经常被偷，养殖户较少，农村技防建设使这里实现了稳定，继而促进了发展，现在这个村已经建设成为远近闻名的新农村建设示范村。农村技防建设用鲜活的事例赢得了群众的支持，成为切切实实的民心工程。

2. 江苏宿迁“警铃入户、十户联防”

江苏宿迁农村每户农民的手上多了一个遥控器，这个遥控器可不是用在电视机或空调机上，而是用在每家新安装的十户联防报警器上（图11－14）。“警铃一装，心中不慌，警铃一响，天罗地网”，现在，流行在农民口中的这个顺口溜道出了他们的心声。

“警铃入户、十户联防”报警系统，是以村为单位，把就近的十户家庭编为一个组，在每户家庭中安装警铃和狮王十户联防报警器，可通过有线或无线等方式，与村监控平台、派出所监控中心、市公安局指挥中心联网，一户报警，三级接警，并可向用户本人、村治保人员手机发送报警短信。当一户家庭遇到紧急情况时手动或用遥控器报警，其余九户家庭和村委会、派出所、市公安局指挥中心同时接收到报警求助信息，从而有效缩短了出警和救助时间，真正实现了农村家庭“居家互守、治安互防”和公安机关“快速出警，快速处置”。狮王十户联防报警系统稳定性强，故障率低，可长时间稳定运行，同组之间用户无线传输，凸显出了实用、经济、方便的优势。

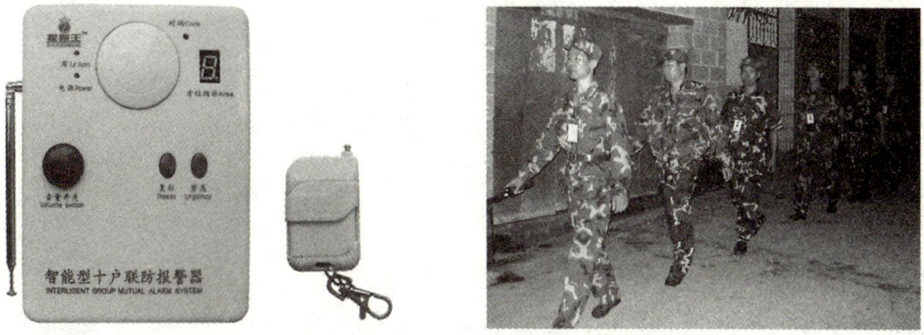

图 11－14　十户联防报警器

大王村村民王奎发说：“警铃装上今后，我们心里踏实多了！平时外出，家里的老人、小孩有什么事，只要一按报警按钮，不单全村人都能来救助，连附近的治安队员和民警也能很快知道并且赶来救助，这在我们农村很有用。”

十户科技联防工程改变了以往村子里有人在遇到困难时，只能单打独斗或不便于求助的状况。除防盗外，单居老人和留守儿童人身财产受到侵害或需要救助时，只需要按下遥控器即可发出求助信息。同时，十户联防报警器属于居民被动式报警，大大减少了误报率，真可谓贴心“看家人”。

3. 视频监控走进阳信

2013 年 2 月 10 日，阳信县商店镇梨行村搞小菜加工的张书和安装了视频监控，给人们的生活带来安全。

“现在加工小菜都是规模化，光靠人工查看是忙不过来的。”张书和指着电子显示屏说，“你看，只要打开显示屏，每个车间的情况就摆在了面前，就连工人腌制小菜的每道工序也都看得一清二楚，既省时省力，又迅速准确。”显示屏前，张书和边演示边讲述视频的好处：“视频可以帮助我们了解和纠正工人在投料、腌制、管理等方面的操作行为，保证工人按照技术规程操作。从财产安全的角度看，被称为‘电子眼’的视频监控昼夜‘站岗放哨’，时刻监视着小菜加工厂周围的情况，对犯罪分子起到了威慑作用。一旦发生案情，事故现场就会有图像记录，有利于公安部门快速破案。”

目前，该县越来越多的加工户、养殖户、工商经营户等，为搞好生产经营和保证财产安全，投资安装了视频监控。

第十二章 兰田模式

【知识背景】

农村信息化是我国新农村建设的一个重要方面。随着我国农村互联网建设的不断拓展,农村电子政务、电子商务建设提上了日程,但也是目前农村信息化建设的一个难点。“世纪之村”农村信息化服务平台正是破解这一难题的有效探索。一个籍籍无名的闽南小村落,南安市康美镇兰田村,何以摘得全国首家农业部农业农村信息化示范村的牌子?他创建的农村信息化平台的应用推广为什么会成为省委省政府为民办实事项目?智慧创造新农村的路径是如何设计的?

任务一 “世纪之村”的来源

南安市康美镇集星村的苏国升食杂店,除了卖日杂用品,还能缴水电费、充话费、订购小家电、买卖农产品,还可以办理一些简单的金融业务,如领取社保金、转账取款,等等。

一个农村小店,功能何以如此强大?苏国升靠的是网络连接着的一个名为“世纪之村”的农村信息化综合服务平台(图 12－1)。

图 12－1 世纪之村总站

四年前还完全不懂电脑的苏国升，熟练地点开"世纪之村"网站。"你想了解村里的情况、涉农政策，就点电子政务这块，便民服务也在里面，要买卖东西，就点电子商务啦。不熟也没关系，我帮你操作就是了。"他说。

2008年5月，苏国升成为"世纪之村"最早的一批信息员，他的店也是首批信息点之一。业务拓展后，他还陆续添了刷卡机、打印机等设备。而在全国，类似苏国升食杂店这样的"世纪之村"信息点，已有近2万个。

"我要做的就是一个连傻瓜也会用的信息化平台，服务农村，服务农民。""世纪之村"平台的倡导者、康美镇兰田村党委书记潘春来说（图12－2）。

图12－2　潘春来

"村务收支不透明，村容村貌不堪入目，老人小孩没有固定的活动场所，几年来村财政对外欠款40万余……"早期的南安市康美镇兰田村因为村子窘困落后，被外界称之为"烂田村"。许多年来，村党支部书记这把交椅始终无人问津，人人避而远之。2004年，在外经商的潘春来受委派，回乡当村支书。他自己投入400多万元，创办兰田村务公开网站（图12－3），从村务公开入手，化解当时颇为紧张的干群关系。计生、财务等村民最关心的信息定期发布到网上，解决了村务不透明的问题。

图12－3　兰田村官方网站

但这还不能破解致富难题。潘春来想到发展农村电子商务，在同一信息平台上叠加村务、政务等功能。"世纪之村"平台由此在兰田村创建。

涉农网站采取怎样的运作模式，才能生存？信息高速公路布了好多年，进了村却入不了户，如何打通农民接上网络的"最后一公里"？培训信息员，培育信息点，"世纪之村”开始布网。

信息点(图 12 -4)主要定位在建制村,村委会、供销社、卫生所、各类门店,只要有电脑、懂操作,有铺子、有门面,方便而且愿意服务村民的,都能加入。

图 12 -4 信息点

大批信息点建起来了,信息员怎么养活?“世纪之村”创立了“网上农家店 +实体农务产品公司 +信息点”的商业模式,以网上农家店为运营中心,依托信息点收集、发布信息,进行农副产品采购、配送,实体农务产品公司则整合上下游供求资源信息,有针对性地寻找合作商家加盟网上交易。

信息点在乡村落地开花,引来了意欲开拓农村市场的企业的关注。平台通过集体议价方式,为农民消费者争取到最优惠的价格,越来越多的人通过信息点,从网上买家电、农资。便民缴费、金融服务等功能不断加入进来,农民跟城里人一样,享受到信息化带来的巨大便利,应用网络的意识被激活了。现在,整个平台已经建成 27 项系统 500 多个功能模块。4 月初,全新升级的电子商务平台世纪商城上线试运行。

苏国升算了笔账——南安市政府补贴信息员每人每月 100 元,帮村民收集、发布农产品供求信息,可收取小额信息费,为他们发放社保金、缴纳水电费等,服务商会支付小额服务费;最大的一块利润来自网络代购,村民从信息点购买商品,价格比从网上直接购买更优惠,而他仍然可从中赚取差额收益。这样下来,信息员每个月可稳稳多赚1 000 多元。算上因人流增加而提升的店铺收入,实惠就更多了。

“等交易量达到一定积分,也许我还能成为‘世纪之村’的股东呢。”这是苏国升的期望,也是“世纪之村”希望改变农民增收方式的另一个首创式尝试。这就是“3331”共生分利模式——平台内,信息员、经营者小团队、经营者大团队、平台按比例进行利润分配;平台外,生产者、经营者、消费者和平台也按此分配。为聚合农村消费资产,当信息点交易量或客户消费量达到一定数量时,积分可转换成“世纪之村”集团公司的内部股票。

潘春来说,“世纪之村”的“造血功能”来自信息点和信息员,同时拥有政务、商务、服务功能,让政府、企业和农民都受益。

“世纪之村”的推广价值,正在于此。

任务二 信息化带来的好处

“信息化就是你们可以通过这个系统赚钱,这就是信息化的直接好处。”这便是潘春来经过思考后给村民们一个简单易懂的解释。他认为,农民质地淳朴,太书面化和术语化的解释反而会给农民造成理解障碍,觉得是一个太玄妙的东西,甚至会去拒绝这个功能的使用。目前,只要加入这个信息平台,使用这个平台便可以享受到便利的网上服务功能。

1. 村务管理“搬”上网,不出门照样好办事

点开“世纪之村信息平台,电子政务”栏便可以看到“村务公开”“基层党建”“村官家园”“星火科技”“政务服务”等12个细分栏目,村民可以进入感兴趣的栏目,轻松了解到相关的信息,尤其是备受关注的村财收支情况。(参见图12-5、图12-6)

兰田村2014年10月份落实与反馈情况	[2014-11-10]
兰田村2014年10月份“一事一议”项目	[2014-11-10]
兰田村2014年10月份企业(山林、店面)承包(出租)情况	[2014-11-10]
兰田村2014年10月份工程招标情况	[2014-11-10]
兰田村2014年10月份个人用地报批情况	[2014-11-10]

图12-5 兰田村村务公开

兰田村2014 年10月出生登记表	[2014-11-10]
兰田村2014年10月节育登记	[2014-11-10]
兰田村2014年10月结婚登记	[2014-11-10]
兰田村2014年10月独生子女父母光荣证	[2014-11-10]
兰田村2014年10月办理生育服务证	[2014-11-10]

图12-6 兰田村计生公开

村民老陈刚安装好电脑,就迫不及待地点开“世纪之村”平台网站,屏幕上立刻“跳”出一串数据:党费、办公费、干部工资……老陈边看边笑:“早听说村里建了网站,不错啊,村务内容上了网,以后不出家门便知村里大小事。”

现在“上网看村务”成了村民生活的一个必修功课。“可以把好几个月的村务连在一起看,而且公开的内容也比以前多得多!”村民小李说,“我去结婚登记时,还特地到网站上查收费标准,心里有个底,后来收的钱跟查到的一样。”

网上村务条条连民心。村民对村里的事情更关心了,从而使误解变理解,怀疑变信

任，干群关系变密切。村民们高兴地说："现在村务越来越透明、财务越来越清楚，咱老百姓还有什么不放心的呢！"

2. 创办"新农民培训学校"，塑造信息时代新农民

"整齐排列的电脑，聚精会神听课的农民"，这是"新农民培训学校"信息中心的一幕。在"没有新型农民就不会有新农村建设"理念的指导下，村党委书记潘春来自掏100多万元，结合"世纪之村"平台，创办了全省首家村级"新农民培训学校"。

学校集政治思想、农村实用技术、职业技能、文娱健身等培训活动服务为一体，帮助农民提高素质、转变观念，让农民更懂技术、会经营。村党委特别建设可免费上网的信息中心，安装农村党员干部远程教育系统 IPTV 平台，抓好网上党员教育共享资源系统的课件制作，引导党员通过网络提高思想政治水平、学习技术、启发智慧。

自创办以来，学校成功举办各类培训班 725 期，组织专题活动，参观、调研 1 220 批次，参加培训的农村党员、干部、村民达 2 万多人次，形成了"信息技术进农家，思想文化育农民"的良好氛围。

如今这股"信息化"之风已吹遍村民生活的各个领域，上至七旬老人下至七岁孩童，几乎人人都学会了上网；所有党员家中都安装了 IPTV 平台并开通"星火科技视频"。新潮流进一步孕育了文明、现代的新民风，2011 年兰田村被农业部授予"农业农村信息化示范村"称号。

3. 信息化走进农家，发展致富全靠它

"用网络管理村务，这只是我们村服务村民，服务兰田村发展的一个部分，最重要的还是要想办法让村民创收，增加村民收入。"潘春来表示。

世纪之村在服务模式、盈利模式、商贸模式、金融模式等多方面实现了创新，为农村信息化平台建设进行了有益的尝试和探索。"世纪之村"依托小店铺、卫生服务所、电信营业厅等实体店，设立信息服务点，进行信息咨询、收集、发布，同时还在每个信息服务点配备了草根物流配送人员，使平台贴近当地农民需要。

该平台独创了一种"共生分利"新模式，按照"3331"的比例进行利润分成，即生产者、经营者、消费者各得 30%，世纪之村平台得 10%。同时，实行消费积分制，消费者在通过消费积分换取商品的同时，还可以将积分转化为"世纪之村"集团的内部股票，待平台上市成功后，积分便变成股票，由此开创出一种新的消费经济模式。

"我们虽然身在农村，但信息化建设并不比城里差。通过村里的信息发布平台，我们建起了销售网络，产品的销路也越走越宽广。"经营机械厂的党员许泽木在谈起致富经时，将农村信息化所起的作用摆在首位。

"世纪之村"平台的"农家店"模块（图 12－7），让不少农民在网上开设"网店"实时发布产品信息，了解外面的市场供求信息，念起了"农经"。村民许志心通过网上搜寻与厦门一家商标设计公司合作，成功开发"龙溪寺"牌纯净水。村民许祖辉创办的南兴菇业依靠网站打品牌，发展成为一家集生产、收购、销售一条龙的规模企业。

百杏便利店

隆昌便利店

图 12－7　农家店

为更好地发挥“农家店”作用，村党委引导党员加入“世纪之村信息员”队伍，收集、发布供求信息，组成“草根”物流团队，帮助农民兄弟运输农产品。在党员的推广带动下，目前“农家店”已在全国拥有 4 000 多个交易信息服务点，创造 2 万个就业岗位，每月交易金额达 2.1 亿元。

村党委还整合“世纪之村”产业资源，推动文化创意产业发展，建设占地 10 万平方米的动漫园区，形成动漫产业一条链，公司打造的动画大片《小牛向前冲》收视率稳居央视动画片前列，其衍生产品每年为村创造上百万的经济效益。（图 12－8）

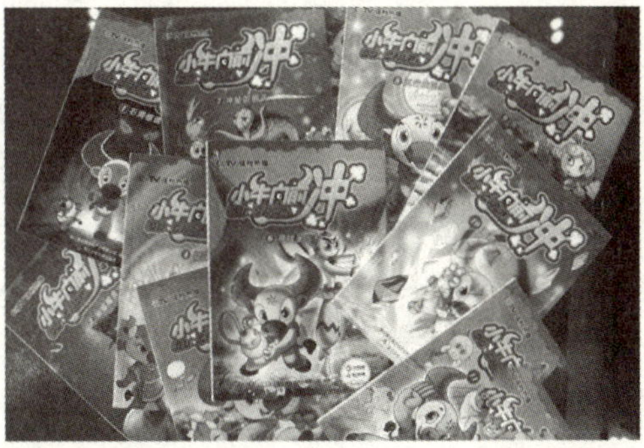

图 12－8　小牛向前冲

任务三　“世纪之村”的未来

日均点击量 118 万次，月成交额在 2 亿元以上；衍生出动漫、物流配送、农产品加工等 10 多家公司，提供就业岗位超过 7 万个……

这是“世纪之村”的现有规模。

泉州 2 463 个建制村全覆盖，全省覆盖面达 50% 以上，全国信息点近 2 万个；平台的推广应用，被列入今年省委省政府为民办实事项目……

这是“世纪之村”的覆盖广度。

依托这一平台，兰田村人均收入大幅增加，六大基地建设稳步推进；十年规划提前实现，三十年规划蓝图正在展开；村容村貌、村民精神面貌焕然一新……

这是“世纪之村”带来的变化深度。

“农民不能在信息化上再落后了。”这是记者在兰田村采访时听到的最深切的感慨。在工业化过程中，农村的发展一直落后于城市，信息化应该成为新农村建设的必选项之一。

信息化不是建设新农村的唯一路径，却是最适合兰田村的。一个普通的村子，靠着整合资源和群众智慧，实现了蜕变。“世纪之村”平台的建设，既是为了解决当下农村发展中遇到的现实问题，也符合新农村的发展趋势。在这里，农民不仅成为自我管理的主体、投入的主体，更是受益的主体和服务的主体。

农村信息化的核心，不仅在技术，更在应用。“世纪之村”平台的低成本、广覆盖、易使用，让它具备了可复制、适应性，其独有的根植于农村的众多信息点和信息员，成为打通农村信息化“最后一公里”的关键。

由此可见，“兰田模式”并非高不可攀。

网络时代的“小岗村”——南安市市长王春金如是评价兰田村。这一评价，恰如其分。

在建设模式上，“世纪之村”平台属公私合作模式，这种合作模式的优势主要是缓解政府资金的压力。因为在农村，政府的财政能力非常有限，利用企业的资金投入到农村电子村务建设中，有助于缓解我国农村电子政务建设资金的压力及提高政府服务的效率和信息服务的能力，加快我国农村信息化建设的步伐。同时，也能弥补农村地区信息化建设缺乏人才、技术等方面的缺陷。

对于泉州等沿海发达地方，因其经济发达，政府财力、企业资金相对充足，有利于“世纪之村”平台的建设。但对于山区等后发展地区，发展较为困难，即使在初期的重点扶持下，也难以可持续发展，发展后劲不足。同时，政府和企业建设电子政务出发点的不同是农村电子政务建设中最大的风险之一，政府其根本目的是为了实现公共利益，而企业则是为了自身的获利，这就需要在农村电子政务建设中，充分考虑双方的立场，使政府和企业在电子政务项目中达到双赢的目的。

随着我国经济社会的持续发展，近年来农村信息化的基础设施条件逐步改善，比如农村固定电话、手机、宽带以及电脑的拥有量逐年提升。政府部门也开始高度关注农村的信息化建设，也为“世纪之村”平台的建设提供了良好的基础支撑和政策支持。

就像《兰田村歌》里面描述的那样，“不要认为自己没有用，不要老是坐在那边看天空，如果自己都不愿意动，还有谁可以帮助你成功；不要认为自己没有用，不要让自卑左右你向前冲，每个人的贡献都不同，也许你就是最好的那种。”目前，“兰田模式”得到了社会的肯定并在逐步推广，南安兰田村也将用自己的方式进一步探索出适合社会主义新农村发展之路，为我国新农村建设提供宝贵的经验。

第十三章　未来农村

【知识背景】

21 世纪,人类社会正进入信息时代的大门。信息技术已渗透到我们生产和生活的各个方面,改变着我们传统的生产和生活方式。随着信息化程度日渐提高,未来的农村会是什么样子的呢?

任务一　精准种植

中华民族有悠久的“精耕细作”的传统,先人们早就知道,不同地块内作物生长情况不同、产量不同(图 13－1)。但过去只是停留在定性认识的基础上,到了今天,采用先进的科学技术,才有可能把这种差异提高到定量分析上来。农田间农作物产量差异的原因有:土质不均匀,有的地方沙砾很多;土壤耕作层深度不一致,有的地方太深,有的地方过浅;土壤含水量不均匀,特别是由于土壤平整不好,个别地方太干,个别地方太湿,排水条件差;肥料施用不当,不按需施用,有的地方过量,有的地方不足;栽培技术不当,有的地方太密,有的地方太稀;病虫害防治不当,有的地方病虫害严重,但由于统一施药,得不到有效防治;草害防治不当,有草和无草的地方都采取整齐划一的施放除草剂的方式。

图 13－1　传统耕作方式

正是基于对农田内作物生长情况和收获产量时间和空间差异的认识，在现代电子信息技术支持下，精准农业（Precision Agriculture）应运而生，并成为现代农业工程和现代作物栽培科学管理中最热门的研究领域之一。精准农业借助 3S（GPS、GIS、RS）技术，通过对农田内作物产量和影响作物生长的环境因素（如土壤结构、土壤含水量、地形、植物营养、病虫害、杂草等）、实际存在的空间和时间差异性的分析，确定影响小区产量差异的原因，采取技术上可行、经济上有效的调控措施，区别对待，按需实施定位调控，以充分利用资源，实现最经济、最合理的投入，获得经济上和环境上的最大效益。精确农业技术思想，是信息技术和人工智能高新技术在大农业中的运用，精确农业技术不仅适用于种植业，也适用于养殖业和加工业，已扩展到设施园艺、集约养殖、产品加工及农业系统的精确经营管理等方面，从而形成完整的精确农业技术体系。

精准农业的实现由以下几个步骤组成：

第一，在第 1 年收获的时候，用带产量传感器的联合收割机，利用差分全球定位系统（DGPS）技术，获得农田小区内不同地块的作物产量分布，将这些数据输入计算机，可获得小区产量分布图（Yield Map）（参见图 13－2）。分析产量分布图，可获得小区作物产量分布的差异程度。

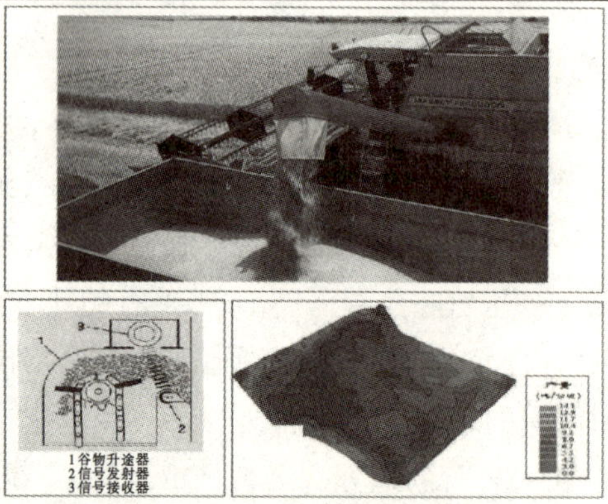

使用带有产量传感器的联合收割机生成产量分布图

图 13－2　产量分布图

第二，根据产量分布图，对影响作物生产的各项因素进行测定和分析，如前所述的土质、土壤耕作层深度、土壤含水量、肥料施用、栽培情况、虫害、病害、杂草等，将所有这些数据输入计算机，利用 DGPS 系统，对照产量分布图，结合决策支持系统，确定产量分布不均匀的原因，并制订相应的措施，生成田间投入处方图（Treatment Map）（见图 13－3～6）。

第三，根据田间投入处方图，生成相应农业机械的智能控制软件，根据按需投入的原则实施分布式投入，包括控制耕整机械、播种机械、施肥机械、植保机械等实施变量投入。

在第 2 年收获时，再按上述过程，并根据产量分布图，分析农田小区总产量是否提高，小区内作物产量差异是否减小，然后制订新的田间投入处方图。如此经过几次循环，即可达到精准种植的目的。

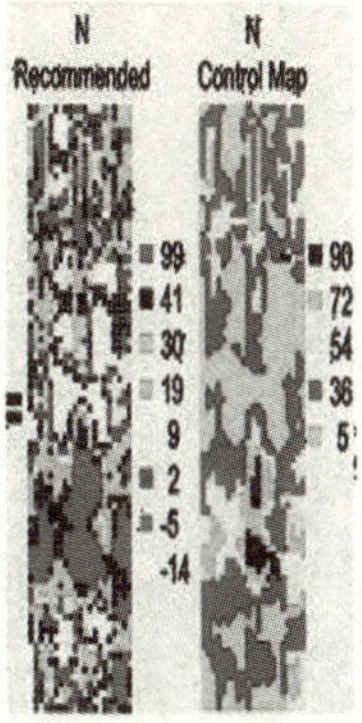

图 13-3　氮肥变量控制图

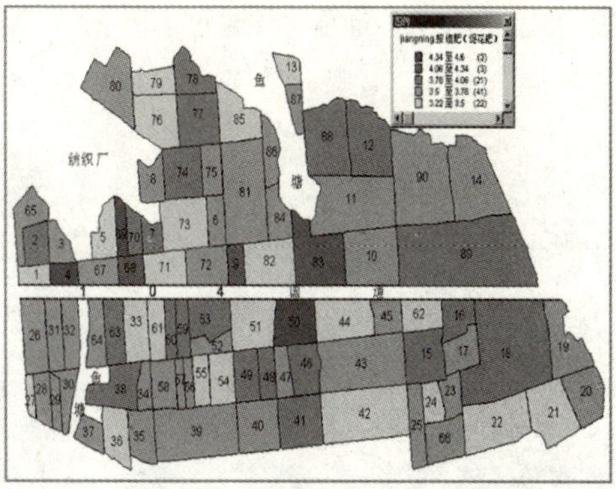

图 13-4　促花肥处方图（PIN）

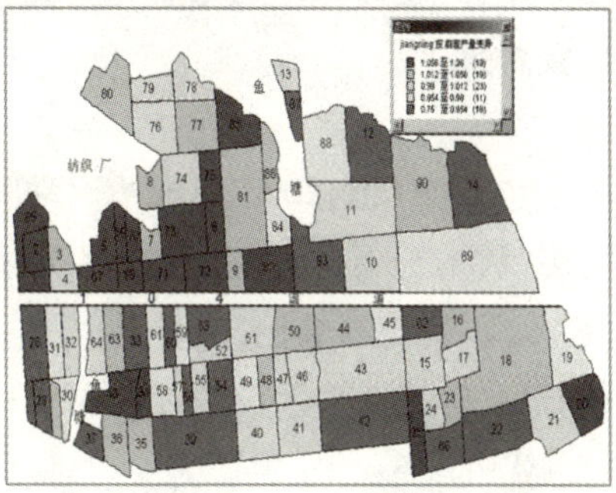

图 13-5　精确稻作前的产量空间差异

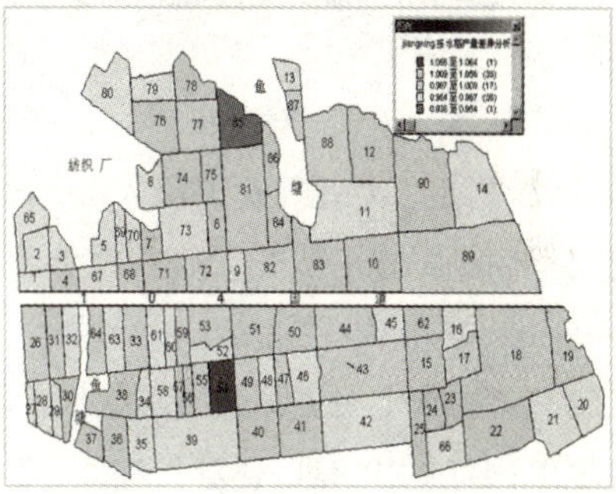

图 13-6　精确稻作后的产量空间差异

1. 精准施肥

传统施肥方式因土壤肥力在地块不同区域差异较大，所以在平均施肥情况下，肥力低而其他生产性状好的区域往往施肥量不足，而某种养分含量高而丰产性状不好的区域则引起过量施肥。GPS 为控制施肥提供空间定位和导航支持，基于 GPS 的变量施肥技术能根据不同地区、不同土壤类型、土壤中各种养分的盈亏情况、作物类别和产量水平，将微量元素与有机肥加以科学配方，做到有目的地科学施肥。（参见图 13-7）

图 13-7　装有 GPS 的自动施肥机

2. 精准灌溉

精确灌溉既能满足作物生长过程中对灌水时间、灌水量、灌水位置、灌水成分的精确要求，又能按照田间的每个操作单元的具体条件，准确地调整农业用水管理措施，最大限度地提高水的利用效率和利用率。在田间运用 GPS 土地参数采样器采集植物生长的环境参数，如土壤湿度、地温等，通过 GPS 中心控制基站利用专家系统进行植物分析，可以调控植物生长环境，精确调控节水灌溉系统。（参见图 13 - 8）

图 13 - 8　GPS 精确灌溉

3. 北京精准农业示范工程

国家计委和北京市政府出资 5 000 多万元，占地 2 500 亩，2000 年开始启动。示范工程的目标：按照国外精准农业技术体系的研究实践，结合项目实施的农业生产实际情况，采用引进、消化、吸收、改造和开发相结合的方针，研制与组装出具有国际先进水平，同时又具有中国特色的精准农业技术体系，并使该技术在我国逐步得到应用推广。项目以种植大田作物玉米和小麦为主。（参见图 13 - 9 ~ 11）

图 13 - 9　北京精准农业示范基地

图 13 - 10　CASE 2366 谷物联合收获机 AFS 测产系统在北京的试验实践

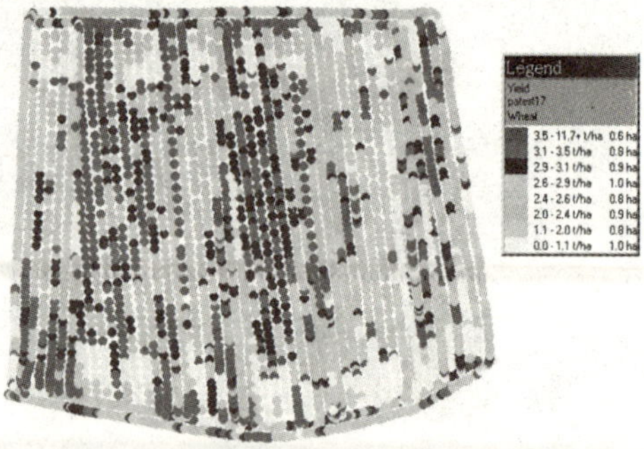

图 13 - 11　2001 麦收试验中第一次获得的作物产量差异性真实试验数据

“精准农业”首先是一种新的管理理念，而不仅是新技术应用。它适用于不同国家、不同发展阶段的农业实践。由“精准农作”到建立“精准农业”技术体系：精准耕作、精准加工、精准园艺、精准灌溉、精准养殖和精准经营等，仍面临很多问题。“精准农业”技术体系的研究与实践，将为知识经济时代建立基于信息和知识的现代集约持续高效农业提供基础与技术支持，并将引发传统农业经营技术思想的革命。

任务二　精确养殖

目前，在世界生猪养殖行业中，荷兰、美国等国处于领先地位。荷兰国土面积并不辽阔，但其生猪养殖业却很发达，尤其是对母猪的饲养与管理取得了举世瞩目的成就。荷兰的畜牧企业管理者借助基于 RFID(Radio Frequency Identification)技术的数字化养猪新技术(Velos)系统(图 13－12、图 13－13)，准确记录，甚至自动完成包括喂食、称重、疾病管理和饲养等环节的操作。Velos 有如下功能：①自动供料，系统采用储料塔＋自动下料＋自动识别的自动喂养装置，实现了全自动供料过程。②自动管理，通过计算机控制中心实现了对母猪发情的鉴定、猪场内的温度、湿度、通风、采光等的全自动化管理。③自动数据传输，在母猪生产管理过程中的所有数据都可以实时地传输到计算机控制中心和猪场管理人员的手机上，这样管理人员可以实现对猪场的远程管理。自动报警，在 Velos 智能化母猪管理系统中，猪场配置有计算机控制的报警机制，猪场出现问题可及时报警。

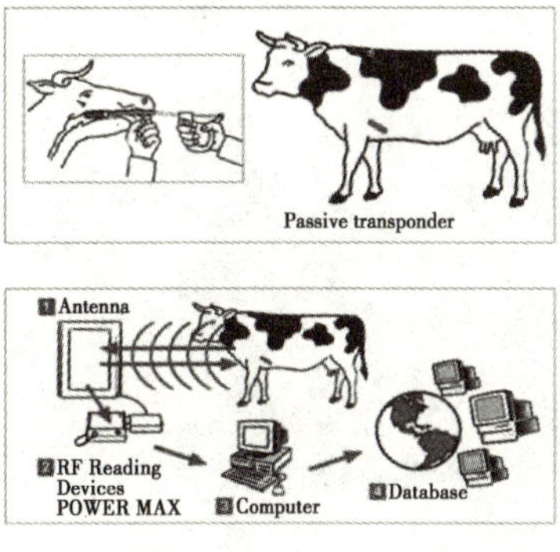

图 13－12　RFID 标签

图 13－13　Velos 自动精确饲喂系统

我国的养猪产量已成为世界第一，但作为一个生猪养殖大国，我国的饲养效率和效益与先进的国家相比，还存在一定的差距。我们应该学习和借鉴国外先进的养猪模式和技术，将精确饲养、效益饲养作为今后工作的努力方向。未来随着计算机信息技术的不断发展和完善，生猪养殖行业亟待与自动化、高精度的控制与检测技术相结合，计算机信息技术将会受到更大的重视，更多地应用到养猪过程中。

任务三　智慧生活

陌生人闯入房屋，主人会收到家中智能安防系统发出的手机短信通报；快到家时可以用手机远程操控空调、电热水器；厨房可视电话可以让你在炒菜的时候通过可视电话辅导小孩做功课。智能家居的出现，让以往存在于科幻片中的情景能够被人们触手可及！

最早提到智能家居，不少人的第一反应就是比尔·盖茨的湖畔豪宅。几公里长的通信电缆（大部分是光纤）连接了屋里屋外的多个使用 Windows 操作系统的服务器，每间房都使用触摸感应器控制照明、音乐和室温。访客都要佩带电子探针，方便电脑知道他们是谁在一起和身处何处，而灯光和其他设定都是自动调整的。

想像比尔·盖茨一样体验美好的智能家居生活吗？相信对于大多数人来说答案是肯定的。不过智能家居是宽泛的话题，它并不局限于某一类家电产品，而是由一个个单一产品品类组成的体系，是一个完整的系统。人们不单单要具备智能电视、智能冰箱、智能空调这类单一的智能设备，更要通过整合系统将家中单一的家电产品“串联”起来，并智能化的协调运作（图 13－14）。别着急，虽然你不是比尔·盖茨，但我保证如此美妙的生活你马上也可以拥有。

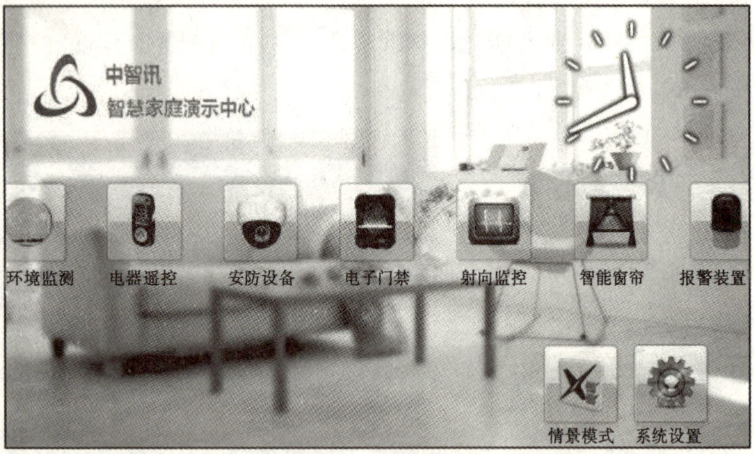

图 13－14　智能家居系统

在办公室用手机遥控家里的空调和电饭煲，回到家就可以在凉爽环境里吃上香喷喷的饭；有陌生人进门，手机就会提醒，并可以看到家里的视频……这样的智能家居已在宁波出现啦！上海世博会“信息化与城市发展”论坛上，智能家居项目作为宁波市信息化十大重点工程，向国内外嘉宾进行展览与功能演示。宁波市选择了两户北岸琴森住户和一户天水家园住户作为代表进行展示，与会嘉宾可以到这三户人家现场观摩高科技、人性化的智能家居生活。

1. 通过手机洞悉家中一举一动

记者在宁波江北北岸琴森小区储女士家里现场感受了一番智能家居带来的便利生活。落座后，储女士首先用手机发了个短信，空调就打开了。随后她又用手机打开了电视，打开了窗帘，操作自如。

这时，一个人在门口出现了，储女士的手机振动起来，那个人的头像出现在屏幕上。同时，小区保安的联系方式也通过短信发过来了。储女士每一次操作的命令成功与否，都会有短信发到手机上。

原来，储女士家里安装了红外幕帘探头。当外人非法侵入，红外幕帘探头就会被触发，及时向系统发出告警信号，系统马上发送短信或彩信、拨打电话到用户的手机或进行现场声光报警等。

“自从家里装上这个智能家居系统后，家里的一举一动都可以通过手机掌控，方便得很。”储女士说，家里的智能家居安装后给生活带来了很大的便利，主要体现在安防和遥控家电上。在安防上，出门时只需一按遥控器，家中的安防系统就会自动启动。在单位上班，如果不放心家里，可以通过手机看看家里的监控视频。如果外人进了家，安防系统会自动报警。

用手机还可遥控窗帘和电视，如果外出忘了关灯，也可通过手机关闭。如果家中有燃气泄漏或火情发生，那么燃气泄漏报警器、烟雾报警器将及时向系统发出告警信号，系统马上会做出报警反应。

“我的手机卡上内置有一个模块。”储女士边说边取出手机卡给记者看。记者发现，她的手机卡上贴了一层薄膜一样的东西。

“家电的插座也是设置了模块的，是智能插座，这样才能做到控制自如。”储女士说，一个智能插座要100多元，宁波市场上也有销售。

储女士告诉记者：“美中不足的是，目前空调只能远程遥控它开启和关闭，还不能设置温度。”

2. 融入墙壁的空调还能根据心情调节气味（图13－15）

图13－15　智能空调

基于空气污染困境，一款“会呼吸的墙”（Breathing Wall）应运而生。与普通墙壁不同,呼吸墙集合了纳米技术、智能材料等多种先进技术,具有净化空气的功能。

呼吸墙的设计灵感来自于鱼的鳃以及鱼呼吸时鳃的运动,根据这种灵感转化成的壁挂一体式解决方案能够令墙壁根据空气净化过程改变形状,其使用状态如同鱼在水中使用鳃呼吸一般。据悉,呼吸墙面将由抛光铝制成,当墙体对空气进行净化处理时,墙面会发生细微的形态变化。而在墙体内部,除了嵌入用于照明的石墨烯 LED(一种新型的发光材料)外,还安置了专门净化空气的设备。

在智能方面,其同用户情感的沟通让呼吸墙能更好地同用户进行交流。它完全可以根据用户个人需要进行定制,利用智能移动设备中的应用,实现天气、记忆、反应、呼吸、情绪等设置,在互动性上优势明显。此外,该呼吸墙不仅为室内传输新鲜空气,而且还能根据主人的身心需求,随时调节室内的温度、湿度、光线以及气味,以帮助主人舒缓情绪和压力。例如,当你选择记忆模式时,呼吸墙会根据你先前存储的相关数据,释放出能唤醒你愉悦记忆的气味和灯光,营造出你和女友热恋时的甜蜜氛围。如果你想体验互动模式的话,则需要将能监测身体数据的可穿戴设备连接到呼吸墙;根据你身体数据的变化,呼吸墙会为你奉上“专门定制”的空气。

3. 光线勾勒出的一体化炉灶(图 13-16)

图 13-16 一体化炉灶

一体化的炉灶在科技电影中已经出现过很多次了,完全的造型,没有了凸起的炉灶和按键等细节的 Whirlpool 炉灶在外观上更像是一块大大的平板,让厨房整体化感觉更强。

不使用的时候,该炉灶就像是一张普通的桌子,用户可在其上面放置各种物件,而使用其进行烹饪时,光线会勾勒出各个炉灶部件的位置,将平底锅放在其上即可进行烹饪应用。

相比传统的炉灶,Whirlpool 炉灶一方面从外观设计上突破传统炉灶形态,一体化设计让厨房简洁的同时,充满科技感;另一方面,Whirlpool 炉灶平台本身表面可作一大块显示屏使用,用户能够在相应的位置调出菜谱等信息资料。同时,用户也可以一边看新闻,一边做菜。

Whirlpool 炉灶很好地利用物联网技术让炉灶摇身一变成为多媒体平台,让用户在做菜的过程中发觉新的乐趣,除以触控作为人机交互手段外,用户还可以通过声音来完成烹饪操作。Whirlpool 炉灶将休闲乐趣带进厨房,让人们在厨房的时间和不做饭的时间无缝对接了起来,使用户有更多时间享受生活的乐趣。

看到上面这些智能家居产品,是否有些羡慕呢?其实以上这些产品虽然有些还处于研发状态,但有些已经走入了我们的生活当中。如我们所说的第一个智能家居系统。

当然,想要拥有这些产品,需要很大投资。我们搜索了一下,目前在苹果的在线商店中单组的飞利浦 Hue 要 498 元,而即便是在淘宝上 Nest Protect 智能烟雾探测器的价格也要在千元以上,就更别提前面所说的那些大家电产品了,都价格不菲。看来,想要马上改变你的生活,还是需要一大笔费用的。

但不能否认的是,智能家居产品正在向着普及化之路前进,而价格也可能是未来智能家居最大的突破口。目前,一些国内品牌也相继推出了各种智能家居产品,而且价格颇为诱人。例如,海尔可以控制不同品牌空调的空气盒子,售价只有 299 元,而 BroadLinkSP2 智能插座、遥控器等产品也都在 200 元以内,诸如此类的产品其实还有不少,都值得关注。

当然,所谓的智能家居,不仅仅只是我们上面提到的冰箱、洗衣机、灯泡,智能家居应该是一个完整的系统,帮助人们改变生活,提升生活品质。虽然从目前整体看来,不论是国外还是国内,都还处于摸索阶段,但各方面的努力还是让我们对未来有所期待的。

您的智能生活本该如此。

▶延伸阅读

"互联网 +"简单点说就是将互联网与传统行业相结合,促进各行各业的发展。它代表一种新的经济形态,即充分发挥互联网在生产要素配置中的优化和集成作用,将互联网的创新成果深度融合于经济社会各领域之中,提升实体经济的创新力和生产力,形成更广泛的以互联网为基础设施和实现工具的经济发展新形态。

我国农业生产的不断规模化为农业现代化打下基础。同时我们又身处"互联网 +"的全新时代,农业现代化和"互联网 +"不期而遇。现代农业是"互联网 +"的生存土壤,"互联网 +"会使现代农业更加精彩纷呈。"互联网 +"是一个全新的时代,它是对于现有行业信息化的继承,更是对于行业信息化延伸或者说是浴火重生。农业在奔向 3.0 时代的路上,风景会更加精彩。

众所周知,许多农产品尤其是特产鲜货不少集中在僻远山野,外运困难,这导致即使借助"互联网 +",有人想买却运不出,等于有网无路。外地对原产地农产品因为信息不畅,缺乏了解,近乎求购无门。所以,"互联网 +"可以把农业生产与要素供给、市场需求连接起来,但在一定时期内仍然受制于农产品生产的地域依赖和市场化遭遇的物流滞后问题。市场经济是看不见的手支配的经济,现代社会是具

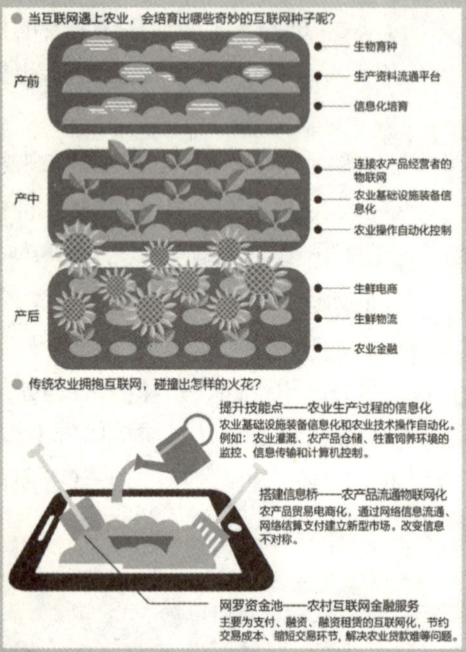

有高度不确定性的风险社会。农业是高风险弱质产业，自然因素影响着整个生产过程。“互联网+农业”虽然能为农业结构调整和农产品加速流通提供有力支撑，市场经济的内在契约性约束也越来越被农民了解，但面对自然风险的不可控性，农民仍可能被迫违约。当违约责任被农民归咎于互联网的负面性因素时，就难免会滋生抵触互联网的心态，其结果不排除“农业—互联网”的出现。

某种事物受到热捧并不等于已经成熟，“互联网+农业”前景灿烂，必然带来农民思想观念和农业发展方式的巨大变革，但我们也要科学把握，打好基础，理性推进。（河南省委政研室农村处处长王民选）

附录　互联网信息服务管理办法

第一条　为了规范互联网信息服务活动，促进互联网信息服务健康有序发展，制定本办法。

第二条　在中华人民共和国境内从事互联网信息服务活动，必须遵守本办法。

本办法所称互联网信息服务，是指通过互联网向上网用户提供信息的服务活动。

第三条　互联网信息服务分为经营性和非经营性两类。

经营性互联网信息服务，是指通过互联网向上网用户有偿提供信息或者网页制作等服务活动。

非经营性互联网信息服务，是指通过互联网向上网用户无偿提供具有公开性、共享性信息的服务活动。

第四条　国家对经营性互联网信息服务实行许可制度；对非经营性互联网信息服务实行备案制度。

未取得许可或者未履行备案手续的，不得从事互联网信息服务。

第五条　从事新闻、出版、教育、医疗保健、药品和医疗器械等互联网信息服务，依照法律、行政法规以及国家有关规定须经有关主管部门审核同意的，在申请经营许可或者履行备案手续前，应当依法经有关主管部门审核同意。

第六条　从事经营性互联网信息服务，除应当符合《中华人民共和国电信条例》规定的要求外，还应当具备下列条件：

（一）有业务发展计划及相关技术方案；

（二）有健全的网络与信息安全保障措施，包括网站安全保障措施、信息安全保密管理制度、用户信息安全管理制度；

（三）服务项目属于本办法第五条规定范围的，已取得有关主管部门同意的文件。

第七条　从事经营性互联网信息服务，应当向省、自治区、直辖市电信管理机构或者国务院信息产业主管部门申请办理互联网信息服务增值电信业务经营许可证（以下简称经营许可证）。

省、自治区、直辖市电信管理机构或者国务院信息产业主管部门应当自收到申请之日起60日内审查完毕，作出批准或者不予批准的决定。予以批准的，颁发经营许可证；不予批准的，应当书面通知申请人并说明理由。

申请人取得经营许可证后，应当持经营许可证向企业登记机关办理登记手续。

第八条　从事非经营性互联网信息服务，应当向省、自治区、直辖市电信管理机构或者国务院信息产业主管部门办理备案手续。办理备案时，应当提交下列材料：

（一）主办单位和网站负责人的基本情况；

（二）网站网址和服务项目；

（三）服务项目属于本办法第五条规定范围的，已取得有关主管部门的同意文件。

省、自治区、直辖市电信管理机构对备案材料齐全的，应当予以备案并编号。

第九条　从事互联网信息服务，拟开办电子公告服务的，应当在申请经营性互联网信息服务许可或者办理非经营性互联网信息服务备案时，按照国家有关规定提出专项申请或者专项备案。

第十条　省、自治区、直辖市电信管理机构和国务院信息产业主管部门应当公布取得经营许可证或者已履行备案手续的互联网信息服务提供者名单。

第十一条　互联网信息服务提供者应当按照经许可或者备案的项目提供服务，不得超出经许可或者备案的项目提供服务。

非经营性互联网信息服务提供者不得从事有偿服务。

互联网信息服务提供者变更服务项目、网站网址等事项的，应当提前30日向原审核、发证或者备案机关办理变更手续。

第十二条　互联网信息服务提供者应当在其网站主页的显著位置标明其经营许可证编号或者备案编号。

第十三条　互联网信息服务提供者应当向上网用户提供良好的服务，并保证所提供的信息内容合法。

第十四条　从事新闻、出版以及电子公告等服务项目的互联网信息服务提供者，应当记录提供的信息内容及其发布时间、互联网地址或者域名；互联网接入服务提供者应当记录上网用户的上网时间、用户帐号、互联网地址或者域名、主叫电话号码等信息。

互联网信息服务提供者和互联网接入服务提供者的记录备份应当保存60日，并在国家有关机关依法查询时，予以提供。

第十五条　互联网信息服务提供者不得制作、复制、发布、传播含有下列内容的信息：

（一）反对宪法所确定的基本原则的；

（二）危害国家安全，泄露国家秘密，颠覆国家政权，破坏国家统一的；

（三）损害国家荣誉和利益的；

（四）煽动民族仇恨、民族歧视，破坏民族团结的；

（五）破坏国家宗教政策，宣扬邪教和封建迷信的；

（六）散布谣言，扰乱社会秩序，破坏社会稳定的；

（七）散布淫秽、色情、赌博、暴力、凶杀、恐怖或者教唆犯罪的；

（八）侮辱或者诽谤他人，侵害他人合法权益的；

（九）含有法律、行政法规禁止的其他内容的。

第十六条　互联网信息服务提供者发现其网站传输的信息明显属于本办法第十五条所列内容之一的，应当立即停止传输，保存有关记录，并向国家有关机关报告。

第十七条　经营性互联网信息服务提供者申请在境内境外上市或者同外商合资、合作，应当事先经国务院信息产业主管部门审查同意；其中，外商投资的比例应当符合有关法律、行政法规的规定。

第十八条　国务院信息产业主管部门和省、自治区、直辖市电信管理机构，依法对互联网信息服务实施监督管理。

新闻、出版、教育、卫生、药品监督管理、工商行政管理和公安、国家安全等有关主管部门，在各自职责范围内依法对互联网信息内容实施监督管理。

第十九条　违反本办法的规定，未取得经营许可证，擅自从事经营性互联网信息服务，或者超出许可的项目提供服务的，由省、自治区、直辖市电信管理机构责令限期改正，有违法所得的，没收违法所得，处违法所得 3 倍以上 5 倍以下的罚款；没有违法所得或者违法所得不足 5 万元的，处 10 万元以上 100 万元以下的罚款；情节严重的，责令关闭网站。

违反本办法的规定，未履行备案手续，擅自从事非经营性互联网信息服务，或者超出备案的项目提供服务的，由省、自治区、直辖市电信管理机构责令限期改正；拒不改正的，责令关闭网站。

第二十条　制作、复制、发布、传播本办法第十五条所列内容之一的信息，构成犯罪的，依法追究刑事责任；尚不构成犯罪的，由公安机关、国家安全机关依照《中华人民共和国治安管理处罚条例》、《计算机信息网络国际联网安全保护管理办法》等有关法律、行政法规的规定予以处罚；对经营性互联网信息服务提供者，并由发证机关责令停业整顿直至吊销经营许可证，通知企业登记机关；对非经营性互联网信息服务提供者，并由备案机关责令暂时关闭网站直至关闭网站。

第二十一条　未履行本办法第十四条规定的义务的，由省、自治区、直辖市电信管理机构责令改正；情节严重的，责令停业整顿或者暂时关闭网站。

第二十二条　违反本办法的规定，未在其网站主页上标明其经营许可证编号或者备案编号的，由省、自治区、直辖市电信管理机构责令改正，处 5000 元以上 5 万元以下的罚款。

第二十三条　违反本办法第十六条规定的义务的，由省、自治区、直辖市电信管理机构责令改正；情节严重的，对经营性互联网信息服务提供者，并由发证机关吊销经营许可证，对非经营性互联网信息服务提供者，并由备案机关责令关闭网站。

第二十四条　互联网信息服务提供者在其业务活动中，违反其他法律、法规的，由新闻、出版、教育、卫生、药品监督管理和工商行政管理等有关主管部门依照有关法律、法规的规定处罚。

第二十五条　电信管理机构和其他有关主管部门及其工作人员，玩忽职守、滥用职权、徇私舞弊，疏于对互联网信息服务的监督管理，造成严重后果，构成犯罪的，依法追究刑事责任；尚不构成犯罪的，对直接负责的主管人员和其他直接责任人员依法给予降级、撤职直至开除的行政处分。

第二十六条　在本办法公布前从事互联网信息服务的，应当自本办法公布之日起60日内依照本办法的有关规定补办有关手续。

第二十七条　本办法自公布之日起施行。